세계가 주목하는
K-푸드의 비밀

세계가 주목하는
K-푸드의 비밀

이원종·김성훈 지음

한식의 고유한 맛을 살리는
우리나라 천연 재료의 특성과 효능

SECRET OF
K-FOOD

예문당

음식은 그 나라의 문화와 깊은 관련이 있다. 우리나라의 국력이 커지고, 외국에서 한류 열풍이 불면서 우리나라 전통음식에도 관심을 갖는 외국인들이 꾸준히 늘어가고 있다. 이대로 간다면 해외에도 우리나라 식당이 꾸준히 늘어나고, 우리의 전통음식이 세계적인 음식으로 자리 잡을 수 있을 것이다.

얼마 전까지만 해도 서양인들에게 김밥을 먹어 보라고 하면 시커먼 김이나 그 속에 들어 있는 단무지 등에 강한 거부감을 보였다. 또한 찐빵이나 만두에 들어가는 단팥도 너무나 이상하게 여겼다. 된장이나 김치 냄새는 당연히 싫어했다. 모두 그들이 이전까지는 한 번도 접해보지 못한 음식이기 때문이다.

하지만 이제는 전 세계적으로 한국의 위상이 높아지고, 문화 파급력이 확장되면서 K-푸드(K-FOOD)에 대한 인지도가 상승세를 이어가고 있다. BTS(방탄소년단)를 위시한 K-팝(K-POP), 〈기생충〉, 〈미나리〉, 〈오징어게임〉 등의 K-영상 산업에 이르기까지 K-문화가 전 세계적으로 관심을 받는 가운데, K-푸드에 대한 관심도 높아진 것이다.

최근에 미국 캘리포니아 오클랜드 차량국(DMV)을 방문한 일이 있다. 그런데 놀랍게도 이곳의 안내 스크린에서 '김치 다이어트'를 소개하는 화면을 계속해서 보여주고 있었다. 한마디로 얘기해서 매일 세 끼 김치를 먹으면 저절로 다이어트가 된다는 내용이었다. 사실 그들이 소개하는 김치 다이어트는 아침, 점심, 저녁 세 끼 식사 때마다 밥과 함께 김치를 먹는 한국인의 일상적인 식사 방법이다. 예전에는 마늘 냄새 때문에 김치를 기피하던 서양인들에게 하루 세 끼 김치를 먹으라고 권장하는 것을 보면 K-푸드의 인지도를 실감할 수 있다.

　　5천 년의 역사를 지닌 우리의 음식문화는 뚜렷한 사계절과 남북으로 길게 뻗은 지형, 삼면이 바다로 둘러싸인 여건 속에서 독특하게 발달하여 왔다. 밥에 갖가지 나물과 쇠고기, 고명을 올려 고추장을 넣고 비벼 먹는 비빔밥, 쇠고기를 얇고 넓게 저며서 각종 채소와 양념을 넣고 재워 두었다가 구워 먹는 불고기, 발효식품인 김치와 막걸리, 김밥, 라면, 떡볶이 등은 대표적인 K-푸드라고 할 수 있다.

K-문화에 어느 정도 익숙해진 외국인들은 자기들만의 레시피를 만들거나 한국에서 유행하는 레시피를 따라 K-푸드를 만들어보기도 한다. 하지만 K-푸드에 들어가는 재료는 외국인들에게 생소한 것들이 많으며, 왜 K-푸드가 건강에 좋은지와 같은 과학적인 자료는 특히나 외국인들이 접하기 더욱 쉽지 않다.

우리나라는 천연물자원이 풍부할 뿐만 아니라 전통의약과 관련된 전통 지식이 풍부하고, 우수한 인력 인프라를 구축하고 있으나 아직 이를 활용한 건강기능식품이나 의약품의 개발 성과가 미흡한 실정이다. 최근 K-푸드의 인지도 상승에 걸맞게 우리나라의 천연물을 이용한 의약품/건강기능식품의 연구개발이 집중적으로 수행된다면 세계적으로 경쟁력 있는 고부가가치 천연물 소재의 창출이 가능할 것이다.

본 저서에서는 K-푸드의 원료가 되는 우리나라 천연물 소재의 특성과 효능을 소개하고자 한다. 이로써 K-푸드의 우수성을 널리 알리고 K-푸드의 세계화에도 기여할 수 있기를 기대한다. 끝으로 이

책의 저술과 출판에 도움을 주신 모든 분께 감사 인사를 올린다. 우선, 저술을 지원해 주신 ㈜오뚜기함태호재단에 감사드린다. 그리고 기꺼이 출판을 맡아주신 예문당 출판사의 임용훈 대표님과 출판사 모든 분께도 감사드린다.

2024년 5월
대표저자 이원종

차 례

들어가는 말   004

제 1 장
K-푸드
인기의
비결

1. 먹으면서 날씬해지는 K-푸드   017

   - 고단백 식품, 두부와 비지   019

   - 미네랄이 풍부한 미역   021

   - 보리 수프 다이어트   022

   - 먹으면서 살이 빠지는 김치   023

   - 식이섬유가 풍부한 무시래기   024

   - 어머니의 손맛이 그리워지는 가지찜   025

   - 매일 먹어도 질리지 않는 사과   026

   - 식욕을 억제하는 율무   027

   - 포만감을 주는 감자   028

   - 비타민의 보고, 고구마   029

   - 강인한 생명력의 민들레   030

   - 변비와 다이어트에 좋은 미나리   031

   - 이뇨 작용이 뛰어난 옥수수염   032

   - 항산화 물질이 풍부한 포도   033

2. 피부미용에 좋은 K-푸드   035

   - 한국인의 피부를 지켜온 검은콩   036

   - 미용효과가 탁월한 현미와 미강   038

   - 젊은 피부를 유지해 주는 참깨와 들깨   039

   - 거친 피부에 필요한 당근   040

   - 피부미용을 위한 간식, 딸기   042

- 여름철 피부에 좋은 앵두   043

- 미백효과가 탁월한 오이   044

- 보습효과가 뛰어난 알로에   045

- 겨울철 피부 관리에 좋은 감귤류   046

3. 우리 몸을 디톡스하는 K-푸드   048

- 마늘과 양파 / 도라지 / 연근 / 메밀 / 해조류 /   049
  고구마 / 무시래기 / 매실 / 깻잎 / 미나리 /
  녹즙 / 녹차 / 감귤류 / 굴

4. 음식궁합이 좋은 K-푸드   057

- 불고기와 상추쌈   057

- 닭고기와 인삼   058

- 보리밥과 풋고추   059

- 돼지고기와 새우젓   059

- 생선조림과 무   060

5. K-푸드로 차리는 하루 세 끼 식단   061

- 담백한 아침 밥상으로 맞이하는 활기찬 하루   061

- 양질의 단백질을 보충하는 점심 밥상   064

- 저녁은 6시 이전에 가볍게 먹는다   066

제 2 장
K-푸드를
풍성하게
해주는
다양한 재료들

1. K-푸드의 품격을 높이는 밥과 죽   072

- 한류열풍의 주역, 김밥   074

- 먹기에 편리하고 영양적으로도 우수한 비빔밥   076

- 허기진 추억이 담긴 웰빙식, 보리밥   078

- 조상들의 장수식품, 잡곡밥   079

- 악귀와 병을 막아준다는 팥죽   081

2. 한국 밥상의 독특한 문화, 다양한 반찬 084

 - 한국인의 쌈 문화, 상추와 쑥갓 084

 - 사찰음식과 산나물 087

 - 숙취해소에 도움이 되는 콩나물국 088

3. K-푸드에 빠질 수 없는 다양한 부재료들 091

 - 장수의 묘약, 질경이 091

 - 불면증과 신경안정에 좋은 대추 093

 - 비타민 A와 C가 풍부한 감 095

 - 바다의 보리, 고등어 098

 - 해물파전의 단골 재료, 굴 100

 - 한국인의 특별한 간식, 오징어 102

제 3 장

K-푸드의
건강을
책임지는
발효음식

1. 한국인의 슬로우푸드, 장류 108

 - 감칠맛 나는 단백질 보충제, 된장 110

 - 매콤달콤한 맛을 내는 고추장 111

 - 혈전용해 작용이 있는 청국장 113

2. K-푸드의 대표적인 건강식품, 김치류 116

 - 조화를 이루는 맛, 배추김치 117

 - 한국인의 천연 소화제, 동치미 119

 - 몸을 따뜻하게 해주는 부추김치 121

 - 밥상 위의 보약, 마늘장아찌 122

 - 잃어버린 입맛을 되살려주는 양파장아찌 124

3. 한국인의 건강음료, 막걸리 126

 - 강원도의 옥수수막걸리 129

- 부산의 금정산성막걸리 130
- 울릉도의 호박막걸리 132
- 충남의 밤막걸리 133
- 경기도의 잣막걸리 135
- 전라도의 해풍쑥막걸리 137

제 4 장
각종 질병을
예방하는
K-푸드

1. 위장질환에 도움이 되는 K-푸드 142
2. 간 건강을 다스리는 K-푸드 148
3. 건강한 K-푸드로 심혈관질환 예방 155
4. 암을 예방하는 K-푸드 식사법 164
5. 당뇨를 예방하는 K-푸드 173
6. 눈 건강을 위한 K-푸드 181
7. 방광 및 신장질환과 음식 187
8. 뇌를 건강하게 하는 K-푸드 191
9. 빈혈과 음식 관리 199
10. 전립선 건강과 K-푸드 205
11. 갱년기 증상을 완화시켜 주는 K-푸드 210
12. 뼈 건강에 좋은 장수 음식 214
13. 호흡기질환 예방에 도움이 되는 K-푸드 219
14. 모발 건강과 K-푸드 227
15. 면역력 증진을 위한 K-푸드 234

나가는 말 242

제1장

K-푸드
인기의 비결

세계적으로 비빔밥, 불고기, 김치, 막걸리, 김밥 등 소위 K-푸드가 선풍적인 인기를 끌고 있다. 서양인들이 먹는 음식에 비해 건강하고 맛있다는 인식이 인터넷을 중심으로 확산하면서 건강한 음식을 추구하는 전 세계인의 사랑을 한 몸에 받게 된 것이다. 최근 문화체육관광부에서 출간한 「2022년 해외 한류 실태조사」에 따르면, 한국 문화 콘텐츠 인지도와 브랜드파워 지수 부분에서 한국 음식이 음악과 영화보다 더 높은 비율을 보이고 있다.

　옛말에 '세 끼 먹는 밥이 보약이다'라는 말이 있다. K-푸드의 기본이 세 끼 먹는 밥이라는 뜻이다. 우리나라 사람들이 서양인에 비해 성인병에 적게 걸리는 이유 중 하나도 세 끼를 쌀밥과 장류 그리고 채소류를 원료로 하는 반찬으로 식사하기 때문이다.

　우리 밥상에 자주 오르는 김을 해외에서는 '바다의 잡초'라 부르며 대수롭지 않은 음식으로 여겨왔으나 최근에는 인식이 많이 달라져 '바다의 채소'라고 부르고 있으며, 우리나라 김 수출액은 매년 꾸준히 늘어가고 있다. 우리나라는 삼면이 바다로 둘러싸여 있어 생선도 즐겨 먹는다. 특히 고등어와 꽁치는 값이 싸고 영양가가 풍부하여 서민들이 많이 먹는 생선이다. 이 밖에도 비교적 몸에 좋은 재료를 사용하는 풋고추 멸치볶음, 가지 된장무침, 미나리 겉절이, 더덕 된장무침, 쑥갓 도토리묵무침, 오이 도라지무침, 김 마늘종무침, 시금치무침 등 수없이 다양한 형태의 반찬이 밥상에 올라오는 것도 K-푸드의 매력이라고 할 수 있다.

우리 조상들이 즐겨 먹어왔던 고사리, 취나물, 참나물, 더덕, 도라지, 고들빼기, 달래, 냉이, 쑥, 민들레, 질경이, 씀바귀, 참두릅, 개두릅 등 우리의 들판이나 야산에서 나오는 야생식물에는 식이섬유, 비타민 A, C, E, 셀레늄, 플라보노이드 등 각종 항산화 물질이 풍부하여 우리 몸의 독성 물질을 제거해 주고 면역력을 증강해준다는 사실이 과학적으로 입증되고 있다.

발효식품은 미생물 혹은 효소를 이용해 먹을거리의 특성을 변형해서 얻는 식품이다. 현대의 과학자들은 발효식품을 단순한 음식을 넘어 인간의 건강을 위한 미래의 식품으로 여기고 있다. 전통적으로 오랜 기간에 걸쳐 만든 고추장, 된장, 청국장, 김치, 막걸리 등 우리의 발효식품은 K-푸드의 중심에 서 있는 음식이다. 특히 막걸리는 K-푸드의 대표 술이라고 할 수 있다. 우리의 주식인 쌀을 발효시켜 만들며, 거칠게 걸러 혼탁한 상태여서 탁주라고 불리기도 하지만 보통은 막 걸렀다고 하여 막걸리라고 부른다. 막걸리는 다른 술과 비교할 수 없을 정도로 식이섬유, 아미노산, 유기산 등 다양한 영양소를 함유하며, 유산균 등 프로바이오틱스가 많이 들어 있다. 수천 년 전부터 발효식품을 이용해 온 우리 선조들의 지혜가 존경스럽다.

K-푸드 소재에는 암, 심장질환, 당뇨, 간질환, 호흡기질환, 변비, 빈혈, 치매, 다이어트, 스트레스, 면역력 강화 등에 효능이 있는 것들이 많다. 이러한 효능이 기대되는 K-푸드의 원료로는 검은콩, 들깨, 대추, 감, 버섯, 호박, 상추, 쑥갓, 토마토, 양파, 마늘, 생강, 복분자, 해조류 등 매우 다양하다. 우리나라 사람들이 가장 선호하는 식품인 인삼과 홍삼도 K-푸드에서 빼놓을 수 없다. 따라서 이 책에서는 이러한 소재로 만든 K-푸드가 왜 인기를 끌고 있는지 그 비밀을 과학적인 근거를 바탕으로 소개하고자 한다.

1
먹으면서 날씬해지는
K-푸드

　　사람들의 소득 수준이 갈수록 높아지면서 건강에 대한 관심
도 함께 높아지고 있지만, 사람들은 갈수록 살이 찌고 각종 성인병에
시달리고 있다. 건강에 대한 관심은 많지만, 정작 건강을 지키는 데
가장 중요한 먹을거리에 대해서는 별로 신경을 쓰지 않기 때문이다.

　　우리가 먹을거리에 얼마나 신경을 쓰지 않는지는 각자 일주
일 동안 먹은 것을 적어 보면 분명해진다. 일주일 후 기록을 살펴보
면 거의 매 끼니 가공식품에 의존하고 있으며, 칼로리는 많지만 비타
민이나 무기질, 식이섬유 등 우리 몸이 필요로 하는 영양소는 부족한
음식에 의지하고 있음을 알 수 있을 것이다.

　　선진국에 살고 있는 많은 사람들은 배고픔보다는 비만, 무기
력, 암과 고혈압, 당뇨 등 각종 성인병과 같은 '배부른 영양실조'와

싸우고 있다. 그러므로 다양한 영양소를 골고루 섭취하기 위해서는 과일과 채소를 많이 섭취하고, 흰쌀보다는 현미나 통밀가루, 보리, 메밀, 수수, 조와 기장처럼 씨눈이나 겨층이 남아있는 잡곡을 먹는 것이 바람직하다.

밥, 국, 김치 등 간단한 반찬으로 구성된 우리나라의 밥상은 필수영양소를 골고루 보충할 수 있는 좋은 형태의 식사라고 할 수 있다. 게다가 지방의 섭취가 적은 장점이 있다. 그러나 단순히 밥만 많이 먹는 것은 곤란하다. 밥은 탄수화물이 주성분이므로 처음에는 배가 부르지만 조금만 지나면 다시 배가 고파진다. 다행스럽게도 우리 조상들은 산나물처럼 자연에서 자란 토종 음식을 섭취하고, 된장, 고추장, 김치 등의 발효음식으로 밥상을 차려 비만이나 성인병을 걱정할 필요가 없었다. 최근에 들어서야 서양인들도 그들이 즐겨 먹는 가공식품보다는 우리의 전통적인 K-푸드를 제대로 먹는 것이야말로 건강을 지키는 지름길임을 인식하기에 이르렀다고 볼 수 있다.

비만한 사람들은 살을 빼고 싶어 하며, 굳이 비만이 아니더라도 날씬한 몸매를 갖기를 원한다. 그래서 누구나 한 번쯤은 살을 빼려는 노력을 해보지만, 대부분 실패하고 좌절하는 경우가 많다. 오히려 단시간에 살을 빼기 위해 여러 가지 다이어트 방법을 동원한 결과 두통, 복통, 설사, 불면증 등 각종 부작용을 경험한다. 또한 다이어트를 경험한 사람들 대부분이 몇 주나 몇 달 안에 다시 살이 찌는 '요요현상'을 경험하기도 한다. 다이어트하는 동안에는 먹고 싶은 것을 참다가 다이어트를 멈추는 동시에 그동안 참았던 것을 터뜨리면서 다시 체중이 늘어나는 것이다.

다이어트할 때 가장 괴로운 것은 참을 수 없는 배고픔이다. 따라서 칼로리는 낮으면서 포만감을 느낄 수 있는 K-푸드를 섭취해야 한다. 굳이 다이어트하지 않더라도 K-푸드로 세 끼 식사를 하다 보면 자연스럽게 식사량을 줄일 수 있고, 영양분이 천천히 흡수되어 지방으로 축적되는 것을 막아주므로 저절로 다이어트가 된다.

그렇다면 먹으면서 날씬해질 수 있는 K-푸드로는 어떤 것들이 있을까? 김치뿐만 아니라 산나물이나 더덕, 토마토, 당근, 쑥갓, 버섯, 상추와 같은 채소류 그리고 미역이나 다시마 같은 해조류 등을 자주 먹으면 자연스럽게 다이어트에 도움이 된다. 이러한 식품들은 위에서 포만감을 주어 쉽게 배가 부르고, 콜레스테롤이 거의 없다. 또한 지방함량이 적고 칼로리가 낮으며, 우리 몸에 이로운 생리활성 물질을 많이 함유하고 있다.

～ 고단백 식품, 두부와 비지

두부는 연하고 맛이 담백한 고단백 식품이다. 예로부터 두부는 가격이 저렴하고 양질의 단백질 식품이어서 우리나라를 비롯한 일본, 중국 등에서 널리 소비되어 왔다. 최근에는 서양에서도 그 영양 가치를 인정받아 두부 소비가 세계적으로 증가하고 있다. 특히 채식을 주로 하는 사람에게 부족하기 쉬운 단백질과 칼슘을 보충할 수 있는 좋은 식품이다.

두부의 원료인 콩은 비타민 B1, B2, B6 등이 다른 곡물보다 풍부하다. 또한 무기질이 적절히 갖추어져 있어 칼슘, 칼륨과 철분의 공급원으로도 중요하다. 따라서 콩에 열을 가하여 단백질만 추출해 응고시킨 두부는 소화가 잘되며, 콜레스테롤이 없기 때문에 좋은 식품이다. 두부 100g의 칼로리는 약 60kcal이며, 양보다 칼로리가 많지 않기 때문에 다이어트에 좋다.

비지는 두부를 만들 때 나오는 부산물이다. 콩을 물에 불려 갈아서 가열한 후 면보에 짜내어 나온 액을 응고시킨 것이 두부이고, 면보에서 나오는 찌꺼기가 비지이다. 찌꺼기라고 하지만 비지에는 식이섬유가 50~60%로 대단히 많아서 다이어트에 좋은 식품이라고 할 수 있다. 이는 쌀이나 밀을 도정하면 쌀겨나 밀기울에 식이섬유가 많은 것과 마찬가지 이치이다.

두부 다이어트는 한 끼는 정상적으로 식사를 하고, 아침과 저녁에는 반 모 정도의 생두부를 살짝 데쳐서 간단히 먹는다. 두부는 다른 식품과 조화가 잘 되므로 두부만 먹기 어려운 경우에는 오이, 토마토, 당근 등 채소나 미역, 멸치 등과 같이 먹으면 좋다. 또는 김치를 볶은 다음 두부를 얹어서 먹거나 두부를 면보에 짜서 셀러리, 피망, 당근, 양파, 마늘 등을 잘게 썰어 넣어 두부샐러드를 만들어 먹어도 좋다.

〜 미네랄이 풍부한 미역

우리나라 사람들이 너무나 좋아하고 끓이기도 쉬운 국 중 하나가 바로 미역국이다. 미역국에 밥을 말아서 김치와 함께 먹으면 순식간에 밥 한 그릇이 사라진다. 미역은 식이섬유가 많아 칼로리가 적고, 쉽게 포만감을 느낄 수 있어 다이어트에도 도움이 된다. 미역은 44%의 식이섬유를 함유하고 있으며, 주로 알긴산으로 구성되어 있다. 알긴산은 끈적끈적한 점질성 당류로 스펀지처럼 늘어나 포만감을 준다.

알긴산은 그 조성이 특이하여 소화할 수 있는 효소가 인간의 소화기에는 없다. 따라서 체내에서 소화되지 않고 그대로 배설되어 칼로리원으로 이용되지 않아 다이어트 식품으로 손꼽힌다. 미역 100g의 칼로리는 22kcal에 불과하며, 무기질 함량이 25% 내외로 칼슘과 철분 등이 풍부하다. 특히 미역 100g에는 720mg의 칼슘이 들어 있다. 이는 우리 몸에 필요한 하루 칼슘 함량에 해당하며, 우유 1컵의 칼슘 함량이 200mg인 것에 비하면 엄청나게 많은 양이다.

칼슘은 뼈와 치아 형성의 필수성분이며, 골다공증을 예방하고, 산후의 자궁수축과 지혈에도 필수이다. 예로부터 미역이 산모의 산후 음식으로 많이 쓰여 온 것도 이런 작용 때문이다. 따라서 미역은 고혈압 및 심장병을 유발하는 콜레스테롤을 제거할 수 있는 건강식품인 동시에 칼로리가 낮아 살을 빼기에도 가장 좋은 식품이라고 볼 수 있다.

미역 다이어트는 미역을 물에 불려 소금기를 제거하고 데쳐서 밥 한 공기에 해당하는 양을 먹는다. 다이어트로 부족하기 쉬운 단백질을 보충하기 위해서는 생선을 1주일에 한두 번 정도 먹는 것이 좋다. 데친 미역만 먹기가 어려운 경우에는 미역냉국이나 미역국, 미역초무침 등으로 요리해서 먹는다.

∼ 보리 수프 다이어트

보리는 건강식품으로서의 우수성이 인정되면서 새로운 영양식품으로 높게 평가받고 있다. 보리에는 5.9%의 아라비노자일란을 함유하고 있는데, 이 물질은 물을 흡착하는 성질이 있어서 점성을 보이므로 먹었을 때 포만감을 줘 식사량을 줄여주므로 체중 감소에 도움이 된다.

다만, 보리밥은 칼로리가 높기 때문에 다이어트할 때는 보리 수프를 만들어 먹으면 좋다. 물에 보리를 넣고 끓이다가 어느 정도 익었을 때 양파, 당근, 버섯, 감자, 양배추, 셀러리 등 좋아하는 채소와 간장, 소금 등을 넣고 끓이면 맛이 좋은 보리 수프가 된다. 보리 수프는 건강식인 보리뿐만 아니라 각종 채소를 동시에 골고루 섭취할 수 있어 좋은 영양식이다.

보리 수프를 만들어 먹기 귀찮을 때는 보릿가루 큰 스푼을 물 한 컵에 넣고 끓여 식사 전에 마시고 식사량은 반 정도로 줄인다. 점심이나 저녁에는 보리밥에 열무김치나 풋고추 등을 곁들여 먹으면 곡물에 부족한 비타민 A와 C를 보충할 수 있어 건강식으로 좋다.

〜 먹으면서 살이 빠지는 김치

김치는 2008년 미국의 건강연구지 「헬스」 지에 올리브유, 요구르트, 렌틸콩, 낫토와 함께 세계 5대 건강식품으로 선정되었다. 하지만 김치에 익숙하지 않은 서양 사람들은 냄새 때문에 꺼리는 경우가 많았다. 김치 자체의 냄새보다는 마늘 냄새가 너무 강해서 먹기 힘들었던 것이다. 하지만 요즘에는 세계 어느 곳을 가더라도 김치에 대해 아는 사람들이 많아졌고, 한국 슈퍼마켓에서 김치를 쉽게 구할 수 있어서 김치에 대한 인식이 많이 달라졌음을 피부로 느끼게 된다.

김치 다이어트는 아침, 점심, 저녁 세 끼를 밥과 함께 김치만 먹는 다이어트이다. 김치는 60g에 20kcal를 함유하므로 흰밥 대신에 잡곡밥이나 현미밥을 1/3공기 정도로 소량 먹으면서 반찬으로는 오로지 김치만 먹는다. 배가 고플 때마다 물을 마시면서 말이다. 만약 김치만 먹기 어렵다면 김, 콩자반, 멸치볶음 등을 추가해 반찬으로 먹는다. 간식으로 저지방 우유나 당근, 오이 등을 먹을 수 있다. 김치 다이어트는 쉬이 물리지 않아 하루 1,200kcal 정도 섭취하면서 한 달 이상 할 수 있다는 큰 장점이 있다.

〰 식이섬유가 풍부한 무시래기

우리 조상들은 먹을 것이 부족했던 시절, 무시래기를 구황식품으로 이용했다. 겨울철에 먹을 것이 없을 때는 무시래기에 쌀을 넣어 시래기죽을 쑤어 먹었다. 쌀이 없을 때는 쌀 대신 보리를 넣기도 했다. 그 당시 어른들은 기운이 없어 보이는 아이를 보면 "시래기죽도 못 얻어먹은 것 같다"고 말하고는 했다.

무의 잎과 줄기인 무청은 말려서 시래기로 이용된다. 무시래기는 식이섬유가 풍부하며, 삶은 무시래기 100g에 들어 있는 칼로리는 18kcal에 불과하여 다이어트에 좋다. 요즘처럼 먹을 것이 넘쳐나는 시대에 정작 우리가 신경 써서 먹어야 할 음식은 칼로리가 높은 진수성찬이 아니라 식이섬유와 비타민, 무기질이 풍부한 무시래기와 같은 음식이라고 할 수 있다. 예전에 서양인들은 말라 비틀어지고 썩은 듯한 냄새가 나는 무시래기를 도저히 이해하지 못하는 듯했으나 최근 들어 K-푸드에 관심이 높아지면서 인식이 달라지고 있다.

무시래기는 된장국을 끓여 먹으면 좋다. 말린 시래기를 물에 넣어 30분 정도 담가두었다가 40분 정도 삶는다. 삶은 시래기를 꼭 짜서 물기를 제거하고 적당한 크기로 썰어 양념장을 넣고 간이 고루 배도록 조물조물 무친다. 그리고 빈 냄비에 물을 붓고 멸치를 넣고 끓여 국물을 우려내고 멸치는 건져낸다. 멸칫국물에 된장을 풀고 대파를 썰어 넣어 된장 국물을 만들고, 무친 시래기를 넣어 끓이면 맛있는 시래기 된장국이 된다.

∿ 어머니의 손맛이 그리워지는 가지찜

　가지는 요리가 간편하고 쉬워서 우리 밥상에 자주 오르는 단골 메뉴 중 하나이다. 담백한 맛과 부드러운 촉감으로 입맛을 돋우는 역할을 하여 '밥상 위의 보약'으로 여겨지는 채소이다.

　무더운 여름철 입맛이 없을 때 가지를 찜통에 찐 다음 손으로 찢어서 간장과 깨소금, 파, 마늘 등 양념으로 무쳐서 먹으면 입맛이 확 돌아서 다른 반찬으로 채 젓가락이 가기도 전에 밥 한 그릇이 뚝딱 없어진다. 그런 연유에서인지 나에게는 어머니가 해주시던 음식 중 가장 생각나는 것이 바로 가지찜이다. 가지찜이야말로 '마음에 위안과 여유를 주는 음식', '생각만 해도 마음이 푸근해지는 음식'으로써 떠올리기만 해도 어머니의 손맛이 그리워지는 우리의 전통음식이라 할 수 있다.

　가지는 100g당 18kcal를 내는 저칼로리 식품으로 조금만 먹어도 포만감이 느껴져 다이어트에 좋다. 가지에 많이 들어 있는 식이섬유는 물을 흡착하는 성질이 있어 위에서 포만감을 주어 쉽게 배부르게 하고, 씹는 데 시간이 오래 걸리며, 위에 머무는 시간이 길다. 가지의 내부는 스펀지 조직으로 몸 안의 기름 성분을 흡착하는 성질이 있으며, 특유의 식감 덕분에 풍부한 감칠맛을 느낄 수 있다.

〰 매일 먹어도 질리지 않는 사과

사과는 우리나라에서 구한말부터 본격적으로 재배하기 시작했으며, 매일 먹어도 질리지 않아 우리나라 사람들이 가장 많이 먹는 과일 중 하나이다. 네덜란드 철학자 스피노자는 "내일 지구의 종말이 온다고 할지라도 나는 한 그루의 사과나무를 심겠다"라고 했다. 왜 하필이면 그 많은 나무 중 사과나무일까? 아마도 사과가 수많은 과일 중에서도 가장 대표적이기 때문일 것이다.

사과에는 혈압을 낮춰주는 칼륨이 많이 들어 있다. 칼륨은 좋은 혈압 조절제로 알려져 있으며, 나트륨과 평형을 이루어 혈압을 낮춰주는 역할을 한다. 사과는 식물성이기 때문에 콜레스테롤이나 포화지방산이 거의 없고, 나트륨도 거의 없어 심장병 예방에 좋다. 그러나 다른 과일이나 채소에 풍부한 비타민 A와 C는 적은 편이다.

사과에 많은 셀룰로스와 같은 불용성 식이섬유는 배변의 양을 증가시키고, 장운동을 도와서 변비를 예방하고 독성 물질을 흡착하여 배출하는 성질이 있어 대장암 등에 예방효과가 있다. 펙틴과 같은 수용성 식이섬유도 많아서 혈중 콜레스테롤의 함량을 낮춰주고 동맥경화를 예방하는 효과가 있다.

사과에 많이 들어 있는 펙틴은 대표적인 프리바이오틱스이다. 프리바이오틱스는 대부분 수용성 식이섬유로 위나 소장에서 소화되지 않지만 대장으로 내려가 그곳에 사는 유익균의 먹이가 되는 물질이다. 유산균과 같은 프로바이오틱스만 먹는 것보다는 그의 먹이가 되는 프리바이오틱스를 동시에 섭취하는 것이 장 건강에 도움이 된다.

〜 식욕을 억제하는 율무

율무(의이인)는 껍질이 딱딱하지만 도정하여 껍질을 벗기면 흰색이 나온다. 언뜻 보기에는 흰쌀처럼 보이며, 현미와 함께 생식의 주원료로 많이 이용한다. 항암 활성, 염증 완화효과, 혈당 강하 작용 등의 생리활성이 보고되었고, 항산화 방지제로써의 유용성이 알려져 있다. 다른 곡물에 비해 단백질 함량이 높으며(약 22%), 식이섬유가 많아 혈중 콜레스테롤 함량을 낮춰 심혈관계 질환의 예방과 치료에 좋다. 또한 이뇨 작용이 뛰어나 부종을 없애는 효과가 있다.

율무는 보통 물에 불려 현미밥에 섞어 먹는다. 죽이나 떡으로 먹기도 하고, 보리, 수수 등 다른 곡물과 섞어 미숫가루를 만들어 먹기도 한다. 민간에서는 당뇨병의 치료를 위해 율무를 갈아 죽을 쑤어 먹었다. 무엇보다 단백질과 식이섬유가 많아 포만감을 줄 뿐만 아니라, 식욕을 억제하는 기능까지 있어 다이어트에 많이 쓰인다. 율무 다이어트는 율무가루로 죽을 쑤어 하루 세 번, 채소와 함께 식사 대신 먹는다. 율무죽 100g의 칼로리는 44kcal에 불과하다. 세 끼 모두 율무죽을 먹기 어려울 때는 아침에 율무를 볶아서 가루로 만들어 2~3순가락을 두유에 섞어 먹으면 오전 내내 포만감을 느낄 수 있다.

～ 포만감을 주는 감자

감자의 원산지는 남미의 칠레와 페루이다. 1550년 스페인으로 전파되어 유럽에서 재배되었다고 전해진다. 초창기에는 유럽에서조차 감자를 먹으면 문둥병에 걸린다거나 싹이 난 감자를 먹으면 죽는다고 하여 괄시를 받아왔으나 쌀, 보리를 재배하기 힘든 지역에서 곡물의 대용품 역할을 충실히 해왔다. 독일의 작가 괴테가 "신대륙에서 온 것 중 악마의 저주와 신의 혜택이 있는데, 전자는 담배요, 후자는 감자다"라고 할 정도로 감자는 서양인들이 즐겨 먹는 음식이다. 우리나라에는 1832년 선교사 구츠라프가 처음 도입하여 심었으나 외국에서 들여온 작물이라는 이유로 국법으로 금지하여 모조리 뽑히기도 했다. 그럼에도 사람들 사이에서 몰래 재배하기 시작했다.

감자는 전분이 많은 식품으로써 중간 크기의 감자 한 개(찐 것 100g)에는 약 84kcal의 칼로리가 들어 있으며, 감자 속에 들어 있는 단백질은 황을 함유하는 아미노산이 적어서 불완전단백질로 분류된다. 그러나 지방이 적고, 식물성이기 때문에 콜레스테롤이 없어 다이어트에 좋은 식품이라고 할 수 있다. 포만감도 커서 식사 전에 감자를 먹으면 배가 불러 밥을 덜 먹게 된다. 호주 과학자들이 연구한 결과에 의하면 찌거나 구운 감자는 그들이 조사한 다른 어떤 식품보다 높은 포만감을 준다고 한다. 단, 찌거나 구운 감자는 혈당지수가 높아 쉽게 혈당이 올라가므로 당뇨환자에게는 좋은 식품이 아니다.

감자는 수프로도 만들어 먹을 수 있는데, 먼저 껍질을 벗기고 얇게 썰어 물에 담가 갈변이 안 되도록 한다. 대파는 흰 부분만 채로 썰고, 양파도 같은 크기로 얇게 채 썬다. 냄비에 버터를 녹인 후 양파를 넣고 볶다가 감자를 넣어 함께 볶는다. 썰어놓은 대파를 넣고 육수를 부은 후 뚜껑을 덮어 뭉근히 끓인다. 다 익은 감자를 믹서에 곱게 갈아서 냄비에 넣고 우유와 생크림을 넣어 살짝 끓인 뒤 소금과 후추로 간을 맞추면 완성된다.

〰 비타민의 보고, 고구마

고구마 하면 추운 겨울, 길거리에서 파는 따끈따끈한 군고구마를 떠올리는 사람이 많을 것이다. 간식거리가 많지 않았던 시절에 늦게 퇴근하던 아버지가 종이봉투에 군고구마를 사 오면 그날 저녁은 모두가 행복한 시간을 보냈다. 추운 겨울 아랫목에 온 식구가 모여 앉아 오순도순 이야기를 나누며 먹었던 군고구마는 우리의 마음에 위안과 여유를 주는 음식, 생각만 해도 마음이 푸근해지는 추억의 음식이라고 할 수 있다.

고구마는 비타민 A인 베타카로틴을 가장 많이 함유하고 있는 식품 중 하나이다. 고구마의 노란색은 그 자체가 비타민인데, 노란 빛깔이 강한 것일수록 비타민 A의 함량이 높고, 흴수록 적다. 고구마 100g에는 2.2mg의 비타민 A가 들어 있어 하루에 필요한 양의 3배 이상을 함유하고 있다. 비타민 C도 30mg 정도 들어 있어서 큰 고구

제1장 K-푸드 인기의 비결

마 2개를 먹으면 하루에 필요한 비타민 C를 모두 섭취할 수 있다.

고구마에는 식이섬유가 많이 들어 있다. 식이섬유는 우리 몸 속에서 소화되지 않는 물질이라 불필요한 것으로 생각할 수 있지만, 스펀지와 같이 물을 빨아들여 대변량을 증가시키고 장을 통과하는 시간을 단축해 변비, 장염의 예방효과가 있으며, 발암성 물질을 흡착하여 배설시키므로 대장암 발생을 억제하는 역할을 한다. 식이섬유는 포만감을 주어 다이어트에도 효과가 있다.

∿ 강인한 생명력의 민들레

민들레는 생명력이 강한 잡초로 유명하다. 아무리 뿌리째 뽑아버려도 조금 지나면 언제 그랬냐는 듯 또다시 솟아 나온다. 이 같은 강인한 생명력을 가지고 있는 토종 민들레를 두고 혹자는 우리 민족의 근성을 상징한다고 말하기도 한다. 그래서인지 우리 민족은 세계 어디에 가더라도 잘 적응하기로 유명하다. 한국 사람이라고는 전혀 살고 있지 않은 외국의 낯선 곳에 혼자 가더라도 쉽게 적응하며 열심히 살아간다.

한방에서는 민들레를 기침, 가래, 천식, 소화불량, 습관성 변비 등에 사용하며 열로 인하여 소변을 못 보는 증세에도 사용한다. 민들레는 이눌린, 스테롤, 콜린, 팔미틴 등의 특수성분을 많이 함유하고 있어서 건위 작용, 강장 작용이 있고, 열을 내리는 등의 효과가 있으며, 성인병을 예방하는 것으로 알려져 있다. 또한 신체로부터 물이 빠져나가게 하는 이뇨 작용이 있고, 혈당을 안정시켜 식욕을 억제하는 효과가 있어 다이어트에 좋다.

민들레의 잎과 뿌리에는 비타민 A와 C가 풍부하다. 특히 잎에 비타민이 많은데, 민들레 100g에는 비타민 A가 0.135mg, 비타민 C는 67mg이 들어 있어 다른 잎채소에 비해 높은 편이다. 민들레는 잎과 뿌리를 함께 된장국에 넣어 먹거나 나물로 무쳐 먹는다. 서양에서는 연한 잎줄기와 꽃을 샐러드로 먹거나 생식으로 많이 먹고 있다. 민들레 뿌리는 가루로 만들어 찻숟가락으로 2~3숟가락을 물 1컵에 넣고 15분간 끓이고, 민들레 잎은 찻숟가락으로 반 정도를 물 1컵에 넣고 15분 정도 끓여 마신다. 민들레는 일반적으로는 안전한 것으로 알려져 있으나, 임신부와 수유부는 먹지 않는 것이 좋다.

〜 변비와 다이어트에 좋은 미나리

우리 조상들은 미나리에 3가지 덕이 있다고 생각했다. 첫 번째 덕은 진흙탕 속에서도 때 묻지 않고 파랗고 싱싱하게 자라는 우아함이며, 두 번째 덕은 햇볕이 들지 않는 음지에서도 잘 자라는 점이다. 세 번째 덕은 아무리 가물어도 푸르름을 잊지 않고 잘 이겨내는 강인함이다. 날이 가물어 모든 곡식이 말라가도 미나리만큼은 푸르름을 잊는 법이 없다.

미나리는 논, 습지, 물가 등 물이 충분히 공급될 수 있는 곳에서 자란다고 하여 '수근'이라고 불린다. 보통 논에서 자라는 물미나리(논미나리)가 주류를 이루며, 밭이나 언덕에서 야생하는 미나리를 돌미나리(밭미나리)라 한다. 돌미나리는 잎사귀가 많으며, 줄기가 짧고, 줄기 아래가 약간 붉은색을 띠어 불미나리라고도 불린다.

미나리는 변비 및 다이어트에 좋다. 식이섬유도 많아서 우리 몸속에서 수분을 많이 흡수하고 장의 활동을 좋게 하여 변비 예방에 효과적이며, 암 예방에도 도움이 된다. 미나리 100g은 16kcal를 함유하는 저칼로리 식품이다. 또 열을 내려 주는 작용과 이뇨 작용이 있어서 비만 치료에 좋다.

〜 이뇨 작용이 뛰어난 옥수수수염

옥수수가 자라는 모습을 자세히 살펴보면 알맹이는 두꺼운 껍질로 몇 겹씩 덮여 있고, 위에는 옥수수수염이 감싸고 있다. 옥수수수염은 항균 작용이 있어 병균이 안쪽으로 들어가지 못하도록 막는 역할을 하지만, 보통은 옥수수를 수확할 때 옥수수수염을 필요 없는 것으로 생각하고 모두 버린다.

하찮아 보이는 옥수수수염도 그냥 쓸데없이 존재하는 것이 아니다. 한방에서는 소변을 잘 나오게 하고 열을 내리는 성질을 이용해 이뇨제로 사용하며, 신장염, 당뇨병, 방광염 등을 치료하는 데도 쓰인다. 옥수수수염을 끓인 물은 신장에 별 무리를 주지 않고 이뇨 작용을 돕기 때문에 비만 치료에 좋다. 특히 몸에 부기가 있거나 소변을 잘 보지 못하는 비만인에게 좋으며, 고혈압이 있는 사람들에게도 좋다.

옥수수수염은 여름철 옥수수를 수확할 때 마르기 전 채취하여 그늘에 말려서 사용한다. 보리차를 끓이듯이 옥수수수염 약 10g을 깨끗이 씻어 주전자에 넣고 물 약 1리터를 부은 뒤 물의 양이 처음의 약 2/3 정도 되도록 몇 시간 정도 달인다. 이후 식혀서 냉장고에 넣었다가 수시로 마시면 부기가 빠지고 체중이 줄어든다.

〜 항산화 물질이 풍부한 포도

포도는 약 8,000년 전부터 재배되기 시작했다. 인간이 재배한 과일 중 가장 오래된 과일이며, 또한 가장 많이 생산되는 과일 중 하나이기도 하다. 조선시대 백자에도 포도 그림이 있는 것을 보면 우리나라에서도 오래전부터 재배되어 왔음을 알 수 있다. 포도는 지금도 우리나라 사람들의 사랑을 가장 많이 받는 과일 중 하나로써 늦더위로 인해 지치고 입맛이 없을 때 포도 몇 알만 입에 넣어도 새콤달콤한 맛에 금방 입맛이 돌아오고는 한다.

포도의 주성분은 당질이며, 약 15% 정도 들어 있다. 당질은 대부분 포도당과 과당으로 포도의 독특한 맛을 낸다. 포도당과 과당은 다른 당질과 달리 위에서 분해될 필요 없이 소장에서 바로 흡수되므로 몸이 피곤할 때 포도를 먹으면 피로 회복이 매우 빠르게 진행된다. 식이섬유의 일종인 펙틴도 많이 들어 있어 장의 활동을 촉진시키므로 변비 예방에도 좋으며, 콜레스테롤 함량을 낮춰주는 것으로 알려져 있다. 펙틴은 독성 물질과 결합하여 몸 밖으로 배출시키는 해독작용도 한다. 포도에는 레스베라트롤 외에도 퀘르세틴, 안토시아닌, 카테킨 등 항산화 물질이 많이 들어 있어 동맥경화는 물론 심장질환을 예방해 주는 효과가 있다.

요즘은 원푸드 다이어트에도 자주 이용되는데, 포도만 먹는 원푸드 다이어트보다는 포도를 간식 대신 먹거나 샐러드와 함께 먹는 등 다양한 방식으로 하는 것이 좋다.

2
피부미용에 좋은
K-푸드

　우리가 누군가 만날 때 얼굴 혈색이 좋으면 무슨 좋은 일이 있냐고 묻고, 반대로 혈색이 나쁘면 혹시 좋지 않은 일이 있는지 묻는 것이 마치 버릇처럼 쓰이고 있다. 이 말은 우리 몸에 이상이 생기면 가장 먼저 변화가 나타나는 곳이 피부라는 뜻이다. 간장이 나쁘면 얼굴색이 노랗게 되고, 혈액이 나쁘면 하얗게 되고, 혈압이 높으면 빨간색을 띤다. 내장이 나쁘면 얼굴이 검어진다. 이처럼 사람의 얼굴을 보면 그 사람의 건강 상태를 곧 알아볼 수 있다. 스트레스가 많이 쌓이거나 어떤 사소한 일에 지나치게 신경을 쓰게 되면 혈액순환이 나빠지면서 기미가 끼고, 피부가 거칠어진다.

　외국인들이 우리를 보며 부러워하는 것 중 하나가 바로 피부이다. 외국에 나갈 때마다 종종 한국인들은 나이에 비해 훨씬 젊어 보인다며 무슨 식품을 먹는지, 무슨 화장품을 바르는지 묻기도 한다. 피부 건강은 좋은 피부를 갖고 태어나는 경우도 있지만, 평소에 어떤 음식을 먹느냐에 따라 결정되는 경우가 많다.

피부가 좋아지는 데는 어떤 영양소가 필요할까? 아름다운 피부를 위해서는 음식을 골고루 섭취해야 한다. 우리 몸의 일부인 피부도 다른 신체와 마찬가지로 6가지 영양소(탄수화물, 단백질, 지방, 비타민, 무기질, 식이섬유 그리고 물)를 골고루 섭취하지 못하면 탈이 나고 이상현상을 초래하게 된다. 다이어트 선풍이 한창인 요즘도 많은 사람들이 음식 섭취를 최소로 줄이는데, 너무 줄여서 영양공급이 모자랄 정도로 먹지 않는 경우 다른 질병에 걸리기도 한다. 예전에 먹을 것이 부족했던 시절, 손이 잘 트고 머리나 몸에 부스럼이 잘 나는 것은 모두 영양공급이 제대로 이루어지지 못하여 일어났던 문제들이다.

〜 한국인의 피부를 지켜온 검은콩

콩 중에서도 항산화 물질을 가장 많이 함유한 콩 중 하나가 검은콩이다. 『본초강목(本草綱目)』에는 '검은콩은 신장을 다스리고, 부종을 없애며, 혈액순환을 좋게 하고, 독을 없애준다'라고 실려 있다. 조선의 대표적인 장수왕인 숙종은 검은콩, 검은깨, 오골계 등 검은색의 음식을 즐겨 먹었다고 한다.

검은콩은 노란콩과는 달리 검은색의 안토시아닌 색소를 함유하고 있다. 안토시아닌 색소는 눈의 피로를 안정시켜주는 역할을 할 뿐만 아니라, 콜라겐의 기능을 향상해 피부에 탄력과 생기를 준다. 안토시아닌은 검은콩뿐만 아니라 검은깨, 흑미, 적포도, 머루, 블루베리 등의 검은 색소에 많이 들어 있다. 검은콩에는 아연도 많이 들어 있어 피부가 손상되었을 때 복구하는 역할을 하고, 피부 감염을 예방해 주기도 한다.

검은콩은 비타민 B1, B2, B6 등이 다른 곡물보다 풍부하다. 비타민 C는 거의 없으나 콩을 발아시켜 만든 콩나물에 많은 양의 비타민 C가 들어 있어서 콩나물 200g을 먹으면 하루 필요량을 섭취할 수 있다.

검은콩은 흑태, 서리태, 서목태 등 종류가 다양하다. 흑태는 크기가 가장 큰 콩으로 밥에 넣어서 많이 먹고, 서리태는 검은 껍질을 벗기면 파란 속알이 나온다고 하여 붙여진 이름으로 밥에 넣어 먹거나 콩자반으로 먹고, 서목태는 크기가 가장 작은 것으로 쥐눈이콩, 약콩으로 불리며 약재, 초콩, 콩나물용으로 이용된다.

날콩은 소화율이 떨어지고 비린내가 나기 때문에 볶아서 가루로 만들어 먹어도 좋다. 검은콩 가루는 된장찌개와 같은 찌개를 끓일 때 넣거나 샐러드에 뿌려 먹거나 죽을 쑤어 먹어도 좋다. 또 아침에 식사할 시간이 없으면 우유나 물 한 잔에 볶은 검은콩 가루를 작은 스푼으로 2~3스푼 넣어 잘 섞은 후 마셔도 좋다.

〜 미용 효과가 탁월한 현미와 미강

현미의 껍질 부분인 쌀겨(미강)는 예로부터 훌륭한 영양의 보고이자 미용에 좋은 음식으로 여겨져 왔다. 미강을 면이나 명주 천으로 만든 주머니에 넣고 얼굴, 몸 등을 닦으면 피부가 깨끗해지고 매끌매끌해지며, 팩을 하면 기미 방지에 도움이 된다고 알려져 있다. 실제로도 미강에 함유된 페룰산은 활성산소를 제거하는 항산화 작용이 강한 물질로 비타민 C를 안정시켜주고 피부 미백 활성을 가진다고 보고되어 있다.

미강에 들어 있는 또 다른 성분인 토코트라이엔올은 비타민 E의 한 형태로써 피부 컨디셔닝 및 진정 효과가 있어 피부 미용에 효과가 있다. 그 외에도 피부 보호 기능 강화, 아토피성 피부염 완화 등 다양한 피부 관련 생리활성이 있는 것으로 알려져 있다.

현미에서 쌀겨를 벗겨내면 백미가 된다. 쌀겨를 벗겨내지 않은 현미는 양질의 단백질, 식이섬유, 비타민 E와 같은 각종 비타민과 미네랄이 함유되어 있을 뿐만 아니라 페놀화합물, 페룰산, 감마오리자놀, 토코트라이엔올 등의 항산화 물질이 풍부하다.

현미에는 철분, 셀레늄, 아연 등 무기질이 들어 있다. 철분은 헤모글로빈을 형성하는데 필요한 무기질로서 산소를 운반하는 역할을 하며, 부족하면 빈혈에 걸린다. 아연이 부족하면 식욕부진이나 발육이 저해되고, 셀레늄은 세포를 손상시키는 활성산소를 제거하는 역할을 하여 암 예방효과가 있다.

현미밥이나 잡곡밥은 천천히 오랫동안 씹어 먹는 것이 좋다. 현미밥은 천천히 먹어야만 소화기관에 부담을 주지 않게 되고, 음식물을 골고루 먹을 수 있어 건강에도 도움이 된다. 현미밥을 천천히 꼭꼭 씹어 먹으면 우리의 뇌가 자극을 받고, 뇌에서 흐르는 혈액량이 증가하여 집중력과 기억력도 좋아진다.

∿ 젊은 피부를 유지해 주는 참깨와 들깨

우리나라 사람들은 요리 때마다 참기름이나 들기름을 많이 사용한다. 특히 즐겨 먹는 푸성귀가 맛이 없을 때는 고소한 참기름이나 들기름을 뿌려 먹어야만 비로소 우리 고유의 음식으로서 맛을 낸다.

깨의 씨는 어느 씨앗보다도 작다. 무언가 작다고 표현할 때 '깨알같이 작다'는 말을 사용할 정도이다. 하지만 한 알의 작은 깨에는 여러 가지 질병을 예방하고, 개선하고, 젊음을 유지하며 노화나 각종 질병을 막아주는 훌륭한 성분이 듬뿍 들어 있다. 그래서인지 우리 조상들은 깨를 장수식품이라고 부르며, 음식에 늘 빼먹지 않고 넣어 먹었다.

한방에서는 '들깨는 몸을 덥게 하고, 독이 없고, 기를 내리게 하며, 기침과 갈증을 그치게 하고, 간을 윤택하게 하여 속을 보하고 머리가 좋아진다'고 말하고 있으며, 예로부터 깨를 많이 먹으면 피부가 예뻐진다고 알려져 있다. 참깨나 들깨에는 비타민 E, 필수지방산, 식이섬유 등이 많아 변비를 예방해주고, 혈액순환을 좋게 하며, 기미, 주근깨를 없애는 등의 효과가 있어 피부미용에 도움을 준다. 특히 검은깨는 식물성 에스트로겐이 풍부하며, 리그난 성분인 세사민, 세사몰 등을 많이 함유하고 있어 피부의 흑색 색소인 멜라닌의 생성을 억제하여 미백효과가 있다.

고운 피부를 유지하기 위해서는 들깨참마죽을 쑤어서 먹어도 좋다. 먼저 들깨를 볶아서 가루로 만들고, 현미는 4시간 정도 물에 불려둔다. 참마는 껍질을 벗기고 납작하게 썬다. 냄비에 현미와 참마를 넣고 끓인 다음, 들깻가루를 뿌려 넣고 소금으로 간을 하면 맛있는 들깨참마죽이 된다.

〜 거친 피부에 필요한 당근

채소 중에서도 향기가 가장 좋은 채소인 당근은 당나라에서 들어온 뿌리라 하여 당근, 혹은 붉은색이 난다고 하여 '홍당무'라고 불린다. 당근의 향 때문인지 토끼나 말은 당근을 유독 좋아한다. '당근과 채찍'이라는 말도 말을 채찍으로 때려 달리게 하고, 쉬는 동안에는 향긋하면서 영양가 있는 당근을 주어야 말을 잘 듣는다고 해서 나온 것이다.

피부 가장 바깥의 각질 세포층은 외부환경과 직접 접촉하기 때문에 수분이 손실되기 쉽다. 각질 세포층의 수분 함량이 10% 이하가 되면 피부가 거칠어지고 노화현상이 일어난다. 베타카로틴을 함유하는 당근은 수분 보유 능력이 우수하여 피부를 진정시키고 거칠어진 피부를 촉촉하게 해준다. 따라서 피부가 거칠어지고 병균에 대한 저항력이 약해졌다고 생각되면 의도적으로 당근을 먹는 것이 좋다. 당근을 갈아서 꿀이나 우유, 요구르트 등과 함께 섞어 팩을 만들어 자기 전에 얼굴에 바르면 촉촉하고 매끄러운 피부를 유지할 수 있다.

당근에는 비타민 A, 비타민 B1, 비타민 B2, 엽산, 비타민 C, 비타민 E, 비타민 K가 다량 함유되어 있다. 빨간색의 카로틴 색소 성분에서 연유한 비타민 A의 경우 어린이의 성장을 촉진하고, 성인에게는 항암 작용 및 각종 성인병의 예방, 병후 체력 증강 또는 거친 피부를 예방하는 효과가 있다.

당근은 향기가 은은하고 맛이 부드러워 주스나 녹즙을 만들 때 거의 필수로 들어간다. 당근의 맛과 향이 다른 녹색 채소의 맛과 향에 조화를 잘 이루어 맛있는 주스나 녹즙이 된다. 다만, 베타카로틴은 흡수가 잘 안되는 단점이 있다. 베타카로틴은 기름에 잘 녹는 비타민이므로 당근을 기름에 볶아 먹으면 더 잘 흡수될 수 있으나 지방을 많이 섭취하게 되므로 주의해야 한다. 또한 당근에는 당질이 7.8%나 들어 있고, 혈당지수가 높아 당뇨환자는 피하는 것이 좋다.

제1장 K-푸드 인기의 비결

〜 피부미용을 위한 간식, 딸기

딸기는 모양과 색이 좋아 누구나 좋아하는 과일이다. 요즘은 언제 딸기가 나오는지 모르는 사람이 많은데, 겨울철에도 비닐하우스에서 딸기를 재배하기 때문이다. 하지만 딸기는 6월 초에 노지에서 제대로 익은 것이 맛과 향이 가장 좋다. 제철에 하루하루 익어가는 딸기를 밭에서 바로 따 먹으면 제 맛이 난다.

딸기에는 비타민 C가 100g에 80mg 정도 들어 있으며, 이는 귤의 2배, 사과의 20배에 해당하는 양이다. 딸기 5개를 먹으면 하루 필요량인 70mg을 섭취하기에 충분하다. 비타민 C는 혈관을 보호하는 역할을 하고, 감기의 예방 및 치료에 좋다. 비타민 C가 결핍되면 잇몸이 약해지고 피가 나오게 된다.

딸기는 비타민 C 외에도 퀘르세틴, 카페인산, 페룰산, 플라보놀류 등 다양한 항산화 물질을 함유하고 있어서 세포 손상을 유발시키는 유해산소를 제거하여 발암 물질의 생성을 억제하고, 독성 물질을 제거하는 작용을 한다. 활성산소는 우리 몸속의 대사 과정에서 생겨나는 물질이지만 중금속, 대기오염, 농약 성분, 의약품 남용, 스트레스 등에 의해 생겨난다. 딸기에 들어 있는 펙틴과 같은 수용성 식이섬유는 혈중 콜레스테롤 함량을 낮춰주고, 동맥경화를 예방하는 효과가 있다. 변비를 예방해 주는 것으로 알려진 식이섬유도 풍부하며, 구연산이 많이 들어 있어 피로를 회복시켜주고, 피부에도 좋은 식품이다.

～～ 여름철 피부에 좋은 앵두

앵두는 산딸기, 오디와 함께 우리나라 산에서 흔히 볼 수 있는 토종 열매이다. 생김새가 복숭아와 같으며 꾀꼬리가 먹었다고 하여 '앵도'라고도 부른다. 예로부터 앵두는 항시 얼굴에 바르면 결이 아름다워지고 딱지 등을 없애준다고 하여 '미용의 성수'라고 불려 왔다. 앵두의 생즙을 오래 마시면 얼굴색이 좋아지고 여성의 미용 즙으로 유효하다고 알려져 있으며, 멜라닌 색소의 생성을 억제하는 미백 작용과 노화와 피부질환을 일으킬 수 있는 미생물의 작용을 억제하는 것으로 알려져 있다.

앵두를 먹으면 얼굴이 고와진다는 것은 앵두에 비타민 C와 퀘르세틴, 카테킨, 타닌 등과 같은 플라보노이드 성분이 들어 있기 때문이다. 비타민 C는 혈관을 보호하는 역할을 하고, 피부를 깨끗하게 해주는 역할도 한다. 플라보노이드 성분은 자외선을 차단하는 효과가 있으며, 활성산소가 생성되는 것을 억제함으로써 우리 몸이나 피부가 건강한 상태가 되도록 돕는다. 비타민 C나 플라보노이드 화합물이 들어 있는 화장품을 사용할 경우에도 활성산소가 억제되어 건강한 피부를 유지할 수 있다. 앵두에는 단백질, 지방, 당질, 섬유소, 미네랄, 비타민 A, B1, C 등이 풍부하며, 사과산 등의 유기산이 들어 있고, 안토시안이라는 색소가 들어 있다.

앵두는 다이어트와 변비 예방에도 좋다. 변비는 대변이 장시간 장 내에 머무르고 배변이 곤란하게 되는 상태를 수분하는 질환을 말하며, 삶의 질을 저하시키고, 특히 만성 변비의 경우에는 얼굴에 기미나 주근깨를 생성하여 미용을 해치는 원인이 되기도 한다. 앵두에 들어 있는 식이섬유의 일종인 펙틴은 다이어트에 좋은 성분으로 혈액 속의 콜레스테롤을 낮추고, 대장 운동을 원활하게 해주며 대장암을 예방해 주기도 한다.

〜 미백효과가 탁월한 오이

오이의 원산지는 인도로 알려져 있다. 오이는 소화를 돕는 역할을 하고, 칼륨이 많이 들어 있어 체내의 노폐물을 배설시켜 주는 이뇨 작용을 하므로 신장염이 있어 몸이 붓거나 비만증이 있는 사람에게 좋은 식품이다. 오이에 풍부한 칼륨은 노폐물을 몸 밖으로 배출시켜 피를 맑게 하는 역할을 한다. 오이의 쓴맛은 페놀 성분 때문인데, 이 페놀 성분에 항암성이 있는 것으로 알려져 있다. 간식으로 생오이를 아삭아삭 씹어 먹으면 스트레스 해소에도 도움이 된다.

오이는 먹기도 하지만 얼굴 마사지용으로도 많이 쓰인다. 오이에는 보습효과와 미백효과, 열을 진정시키는 효과가 있으며, 비타민 C와 엽록소가 풍부하여 얇게 잘라 피부에 붙이면 모세혈관을 튼튼하게 해 건강한 피부를 만든다.

오이는 차가운 성질을 가진 알칼리성 식품으로 수분이 95% 이상 차지하고 있으며, 칼로리가 100g에 19kcal밖에 되지 않아 다

이어트에도 좋다. 생으로 먹어도 좋고, 피클로 만들어 먹어도 좋고,
토마토, 양파와 함께 샐러드를 만들어 먹어도 좋다.

～～ 보습효과가 뛰어난 알로에

알로에는 열대지방에서 자라는 다육식물이지만 현재 우리나
라에서도 많이 재배되고 있다. 식약처는 알로에가 장운동에 도움이
되고, 면역력을 증강시키며, 위와 장 건강에 도움이 되고, 피부건강
에 좋으며, 배변을 잘 되게 하는 등의 여러 가지 기능성을 제시하고
있다.

알로에는 피부세포 성장 촉진 작용이 있어서 피부 미용에 뛰
어나다. 보습효과와 미백효과 때문에 화장품에 이용되기도 하고, 알
로에 잎에는 항균성 점액 물질이 많아 상처나 화상을 치료하는 데
쓰인다. 생즙을 화상이나 동상 걸린 부위에 바르면 빨리 낫는다.

알로에는 전 세계를 통틀어 약 200~300종이 있는 것으로 알
려져 있으나 현재는 약 6종 정도만 약용과 건강식품으로 이용되고
있다. '노회'라고도 불리는 알로에는 고전 의약서에 폭 넓은 약효들
이 기재되어 있으며, 동서양을 막론하고 수천 년 전부터 민간요법으
로 질병 치료에 사용되어 왔다.

알로에의 점액 물질은 주스나 알약으로 만들어 내복약이나
외용약으로 쓰이며, 맛은 쓰고 성질이 차서 알로에즙을 이용한 건강

기능식품이 인기를 끌고 있다. 또한 안트라퀴논이라는 이뇨제가 들어 있어 체중감소제로도 이용된다.

〰 겨울철 피부 관리에 좋은 감귤류

귤은 겨울철에 부족하기 쉬운 비타민을 공급해 주기 때문에 겨울철의 보약이라고 불린다. 우리나라는 북쪽에 자리 잡고 있어 냉한성이 강한 온주밀감이 주종을 이루고 있으며, 제주도에서 99% 생산된다. 우리나라 귤은 서양의 오렌지보다 작지만 단맛이 강하고 섬유질도 많다. 겨울철 긴긴밤에 온 가족이 둘러앉아 하루 일을 이야기하며 심심풀이로 새콤달콤한 작은 귤을 하나씩 까 먹다보면 금세 한 박스가 없어지고 만다.

귤의 주성분은 당분과 구연산으로 그 함량은 귤의 종류와 성숙도에 따라 다르다. 덜 익었을 때는 구연산의 함량이 높아 신맛이 강하지만, 차차 익어감에 따라 당분이 증가한다. 귤의 상쾌한 맛은 이 구연산 때문이며, 구연산은 피로 회복에 매우 뛰어나다. 귤 100g에는 40mg의 비타민 C를 함유하고 있어 겨울철 감기 예방에 좋다. 오렌지주스 한 컵에는 약 100mg의 비타민 C가 들어 있다.

'유자는 못 생기고 얽었어도 선비의 손에서 놀고, 탱자는 잘 생겼어도 거지의 손에서 논다'는 속담이 있다. 이는 유자는 생긴 것이 울퉁불퉁하여 볼품이 없어도 향기가 좋고 내실이 있어 귀하게 쓰인다는 뜻이다. 유자는 귤보다는 크고 껍질이 두꺼운 차이가 있으며 향이 좋아서 보기만 해도 입에 침이 고이게 한다.

겨울철 추운 날씨로 인해 피로가 쌓이고 몸이 차가울 때 따뜻한 유자차 한 잔을 마시면 금세 기분이 좋아지고 피로가 풀리게 된다. 유자는 귤이나 오렌지보다 더 많은 양의 비타민 C를 함유하고 있어서 '비타민 C의 보고'라고 불린다.

3
우리 몸을
디톡스하는 K-푸드

오염된 환경 속에서 살아가는 현대인들은 납, 수은, 카드뮴, 알루미늄과 같은 중금속과 대기오염에 노출되어 있으며, 잔류농약, 화학비료, 항생제, 식품첨가물 등으로 오염된 식품을 먹으며 살아가고 있다. 특히 납과 같은 중금속이나 농약 등은 지용성인 것들이 많아 지방조직에 저장되어 잘 배출되지 않는다. 식사를 한 후에도 체내에서 이용되고 남은 노폐물이나 배설물이 체내에 오랜 시간 체류하면 여러 가지 반응을 일으켜 오히려 유독한 증세를 키울 수 있다.

따라서 현대인들은 노폐물이나 유해 물질을 배출시킬 수 있는 식품을 섭취하여 가급적 빠른 시간 내에 몸 밖으로 배설하는 것이 무엇보다 중요하다. 식품 속에 들어 있는 비타민 A, C, E, 셀레늄, 플라보노이드 등 항산화 물질은 우리 몸에서 독성 물질을 제거해 면

역력을 증강해 준다. 우리 몸은 원래 자생적으로 스스로 디톡스(해독)
하려는 노력을 계속한다. 그러나 이러한 자생적인 노력 외에도 인위
적으로 독성 물질을 빠르게 배출시키는 식품도 필요하다.

　　제철에 나오는 신선한 과일과 녹황색 채소에는 피토케미컬의
일종인 엽록소가 풍부하다. 엽록소는 상처를 치유하고 세포를 재생
시키는 역할을 한다. 엽록소는 그 구조가 혈액 속의 헤모글로빈과 비
슷하다. 엽록소는 혈액 속의 콜레스테롤 함량을 낮춰주어 피를 깨끗
하게 해주어 고혈압이나 동맥경화 등 성인병을 예방하고 젊음을 유
지해 준다. 그렇다면 디톡스에 필요한 K-푸드로는 어떤 것들이 있
을까?

〜 마늘과 양파

　　마늘과 양파는 특유의 맛과 향기가 있어 오래전부터 여러 가
지 요리에 향신료로 사용되어 왔다. 민간요법에서는 원기 회복 식품
으로 알려져 있으며, 신진대사를 높이고 미생물을 죽이는 항균 작용
이 있다. 마늘과 양파에는 유황 화합물, 셀레늄, 아이소사이안산염,
플라보노이드의 일종인 퀘르세틴, 식이섬유, 비타민 C, E 등이 들어
있다.

　　마늘과 양파는 체내 독소 제거에도 도움이 된다. 마늘에 들어
있는 알리신 등은 체내에서 수은과 같은 중금속과 결합하여 체외로

　　　　　　　　　　　　　　　　　　제1장 K-푸드 인기의 비결

배출시켜 준다. 양파의 퀘르세틴 성분도 체내 중금속, 니코틴 등을 흡착해 몸 밖으로 배출시킨다.

〰 도라지

　　도라지는 한국, 일본, 중국 등지에 분포하며 원래는 산과 들에 자라지만, 요즘은 농가에서 대량 재배하고 있다. 도라지는 당질과 섬유소가 많고 칼슘이 풍부한 우수한 알칼리성 식품으로 약용 및 나물용으로 사용되고 있다. 식이섬유가 풍부해서 중금속이나 노폐물 등과 같은 독성 물질을 배출시켜 준다.

〰 연근

　　연은 우리나라의 연못이나 늪지에서 자라는 다년생 식물로서 오래 전부터 연꽃은 관상용으로, 연은 차와 술로 이용되어 왔으며, 요즘도 연근, 연잎, 연꽃 등이 식용이나 약용으로 쓰이고 있다.

　　연근은 사찰음식에 많이 이용되는 뿌리채소로서 타닌과 식이섬유가 풍부하여 몸속의 독성을 없애주고 혈액순환을 원활하게 해준다. 비타민 C와 아미노산의 일종인 아스파라긴산이 풍부하여 해독 작용을 한다.

〜 메밀

메밀은 몸 안의 독소를 배출시켜 주는 해독작용을 하는 식품이다. 『본초강목』에는 메밀이 장과 위를 견실하게 해주고 적체, 풍통, 설사 등을 없애주며, 정신을 맑게 해주고, 노폐물을 체외로 배출시켜주는 정장 작용을 한다고 되어 있다. 메밀 속에 6.5%나 함유되어 있는 식이섬유는 독성 물질을 흡착하여 배출하는 역할을 한다. 식이섬유는 배변량을 늘려주고, 뱃속에 남은 불결한 것을 모두 씻어 내고, 장 내 유익한 세균의 증식을 도와 변비를 예방한다.

〜 해조류

우리나라의 대표적인 해조류인 미역, 다시마, 톳, 파래 등에 들어 있는 끈적끈적한 성질의 알긴산은 식이섬유의 일종으로 위에 포만감을 준다. 알긴산은 유해한 환경오염 물질, 잔류농약, 중금속, 카페인, 니코틴 등 독성 물질의 흡수를 방해하여 배출하는 역할도 한다.

〜 고구마

고구마에는 식이섬유가 많아 장 속에서 노폐물의 배설을 촉진하며, 고구마를 썰 때 나오는 흰 수지에 섞여 있는 야라핀이라는 성분 또한 하제(下劑)의 기능이 있어 변비에 효과가 있으며 몸 밖으로 독성 물질을 배출시킨다. 고구마는 식이섬유뿐만 아니라 비타민 A를 많이 함유하고 있기 때문에 항암식품으로도 인기가 높다. 고구마 줄기인 고구마 순 역시 식이섬유가 풍부하여 변비에 좋다.

〜 무시래기

무시래기에는 비타민 A와 비타민 C가 많이 들어 있고, 칼슘도 많이 들어 있기 때문에 먹을 것이 없던 시절, 우리 민족의 귀중한 먹을거리였다. 무시래기에는 식이섬유가 많기 때문에 무쳐서 먹거나 된장국으로 끓여 먹으면 장 속의 노폐물 배설을 촉진하며, 변비 예방에 도움이 된다.

〜 매실

우리 조상들은 집안 마당에 한두 그루의 매화나무를 즐겨 심었다. 봄에 하얗게 피는 매화는 난초, 국화, 대나무 등과 함께 사군자에 속할 정도로 선비들의 사랑을 받아 온 아름다운 꽃이다. 매화꽃이 만발하고 지고 나면 수많은 열매를 맺어 5월 말에서 6월 초에는 매실을 수확한다.

매실은 음식, 피, 물의 세 가지 독을 없애준다는 말이 있다. 매실 특유의 신맛은 소화효소의 분비를 촉진해 위장의 기능을 활성화하고 독소를 배출하는 역할을 한다. 살균작용과 해독작용이 강한 카테킨이 많이 들어 있어 설사를 그치게 하며, 노폐물을 제거하여 피를 맑게 하기 때문이다.

～～ 깻잎

보통 깻잎이라고 하면 들깻잎을 말한다. 들깨는 생명력이 강한 작물로 한 번 재배한 땅에서는 씨를 다시 뿌리지 않아도 매년 어김없이 들깨가 솟아 올라온다. 깻잎은 독특한 향이 나며 맛이 쌉쓰름하기도 하지만 고소한 맛이 있다. 양념하여 김치처럼 먹기도 하고, 된장이나 고추장에 넣어 먹으면 향긋한 냄새가 나고 고소한 맛이 일품이다.

고기를 먹을 때 깻잎으로 쌈을 싸 먹으면 깻잎에 들어 있는 식이섬유가 고기의 독성 성분이나 발암 물질을 흡착해 배출해 준다. 깻잎은 항산화 물질인 비타민 A와 C가 풍부하여 암을 예방할 수 있는 식품이다. 흡연하거나 스트레스를 많이 받으면 비타민 C의 소모량이 많아지는데, 그런 사람들은 깻잎을 많이 먹는 것이 좋다.

〰 미나리

미나리는 해독작용이 뛰어나 체내에서 각종 독소를 제거하는 대표적인 디톡스 식품이다. 미나리에는 테르펜, 스테롤, 베타카로틴 등이 들어 있어 피를 맑게 하고, 암 예방 효과가 있는 것으로 알려져 있다. 또한 섬유질이 많아 변비 예방에 효과적이며 스트레스 해소에도 도움이 된다.

복 지리를 끓일 때 복어의 독을 중화시키기 위해 빠지지 않고 들어가며 술을 마신 후 술독을 다스리거나 신진대사를 촉진해 주는 효과가 있다. 우리 조상들은 술을 많이 마셔 속이 아플 때는 미나리 생즙을 먹거나 미나리를 넣고 끓인 해장국을 먹었다.

〰 녹즙

양배추, 당근, 토마토, 셀러리 등 녹황색 채소로 녹즙이나 주스를 만들어 마시면 디톡스에 많은 도움이 된다. 양배추는 위장을 이롭게 한다고 하여 자연요법에서는 위궤양, 십이지장궤양의 치료에 이용한다. 당근에 들어 있는 비타민 A는 암세포의 원인이 되는 활성산소를 억제하는 항산화력이 뛰어나다. 토마토에 들어 있는 리코핀은 항산화력이 뛰어나고, 콜레스테롤이 산화되는 것을 방해하여 동맥경화를 막고, 면역력을 강화하여 전립선암, 위암, 폐암, 췌장암 등을 예방하는 것으로 알려져 있다. 셀러리는 강장효과가 있어 복부에 가스가 팽만하거나 변비, 위체 등이 생겼을 때 좋다.

〰 녹차

녹차의 카테킨은 지방분해를 활성화하는 호르몬의 분비를 도와 체중을 감소시켜 주므로 다이어트에 도움이 된다. 또한 다이옥신 등 독성 물질과 납, 카드뮴과 같은 중금속과 결합하여 흡수를 억제하고 배출시켜 주며, 항산화력이 강하여 활성산소를 제거하고, 발암 물질의 생성을 억제해 주는 역할을 한다.

〰 감귤류

감귤은 감귤속(Citrus)의 식용 식물로서 폴리페놀류와 비타민류 등 다양한 생리활성 물질을 함유하고 있으며, 과육보다 과피에 많이 함유하고 있다. 특히 카로티노이드와 플라보노이드는 항염, 항암, 항산화, 해독 등 다양한 생리적 작용을 나타낸다.

귤껍질(진피)은 막혀있는 기를 원활하게 순환시키는 효과가 있어서 복부팽만, 트림, 구토, 메스꺼움, 소화불량 등으로 인하여 속이 답답하고 더부룩할 때 마시면 소화가 잘 되게 한다. 그뿐만 아니라 잘 말린 귤껍질을 끓여 차로 마시면 비만 치료에도 도움이 된다.

〜 굴

굴에는 100g당 7.5mg의 아연이 들어 있어서 쇠고기의 6mg, 돼지고기의 약 4mg에 비해 많은 양이 들어 있음을 알 수 있다. 아연은 여러 효소의 구성 성분으로 인체의 주요한 대사 과정을 조절하고 세포막 구조와 기능을 정상적으로 유지하며, 면역력 유지와 핵산 합성에 관여한다. 아연이 부족하면 성장지연, 왜소증, 상처 회복 지연, 식욕부진 등이 나타날 수 있으며 빈혈도 일으킬 수 있다. 아연은 손상된 피부를 복구시켜 주는 역할을 하여 피부를 곱게 해주고, 납과 서로 경쟁하기 때문에 납의 흡수를 억제시킨다.

지친 몸을 디톡스하려면 운동을 통하여 혈액순환을 증가시키고 땀을 흘려 노폐물을 배출해야 하며, 독성 물질을 배설시키는 식품을 섭취하여 가능한 한 빠르게 몸 밖으로 배출해야 한다. 또한, 건강을 유지하기 위해서는 평소에 피로를 예방하고, 금연, 적당량의 음주, 적당한 수면과 휴식, 취미 및 여가활동 등을 통해 스트레스를 줄이고, 면역력을 증진시켜야 한다.

4
음식궁합이 좋은
K-푸드

음식에는 서로 잘 어울리는 궁합이 있다. 영양학의 관점으로 볼 때 음식의 궁합은 영양분이 부족한 것을 서로 보완해 주는 식품 간의 관계라고 볼 수 있다. 가령 쌀에는 라이신과 같은 필수아미노산이 부족하기 쉬우므로 이를 보충하기 위해서 라이신이 풍부한 콩을 섞어 먹는다면 최고의 궁합이라고 할 수 있다.

〜 불고기와 상추쌈

외국인에게 가장 추천할 수 있는 대표적인 K-푸드를 꼽으라고 하면 아마도 불고기가 아닐까? 불고기는 쇠고기를 갖은양념에 재서 냉장고에 숙성시키는 과정이 맛을 좌우한다. 전국 여기저기 유명한 불고깃집이 있지만, 그 명성은 쉽게 얻어지지 않는다. 이름이 입에서 입으로 옮겨가 한 고장의 명물이 되기까지는 고유의 것이 필요하다. 그러한 맛의 비결은 고기를 재우는 소스와 정성에 있다.

우리나라에는 불고기를 상추쌈과 함께 먹는 독특한 '쌈 문화'가 있다. 상추에 불고기와 밥을 올리고 마늘과 풋고추를 얹어 싸 먹는 쌈은 우리 민족만이 즐기는 독특한 생활방식이며, 영양적으로도 균형을 갖춘 식사법이라고 할 수 있다. 특히 상추와 쑥갓에 많이 들어 있는 식이섬유는 고기를 구울 때 생길 수 있는 벤조피렌과 같은 발암성 물질을 흡착하여 암을 예방해 주고, 고기에 들어 있는 콜레스테롤이 혈관 내에 쌓이는 것을 예방해 주는 역할을 한다.

〜 닭고기와 인삼

무더운 여름철, 더위에 지친 사람들이 가장 많이 찾는 음식 중 하나가 바로 '삼계탕'이다. 요즘은 외국인 관광객들도 줄을 서서 먹을 정도로 외국인들에게 많은 사랑을 받는 K-푸드이다.

삼계탕에는 인삼이 필수적으로 들어간다. 닭고기에 인삼을 넣어 삼계탕으로 먹으면 우리 몸에 필요한 필수아미노산을 공급해 주고, 간장을 보호해 주며, 위를 튼튼하게 하는 역할을 하여 기력을 회복시켜 줄 뿐만 아니라 닭고기의 특유한 냄새를 줄여 주어 너무나 좋은 궁합이라고 할 수 있다. 이와 같이 궁합이 잘 맞는 식품들을 함

께 먹으면 맛도 좋을 뿐만 아니라 서로 부족한 영양성분을 보충할
수 있어 우리 몸에 유익하다.

〜 보리밥과 풋고추

예로부터 우리 조상들은 음식을 먹을 때 궁합이 서로 좋은 음
식을 섭취함으로써 각 음식의 부족한 부분을 보충해 주었다. '보리밥
에는 풋고추와 고추장이 제격이다'라는 말처럼 보리밥의 경우 풋고
추를 따서 고추장에 찍어 먹어왔다.

보리에는 비타민 B1, B2, B3 등의 비타민과 철분, 칼슘 등 무
기질이 많이 들어 있으며, 수용성 식이섬유의 일종인 베타글루칸이
많이 들어 있어 성인병을 예방해 주는 효과가 있는 반면, 비타민 C는
거의 들어 있지 않다. 따라서 보리밥에 비타민 C가 풍부한 채소를 넣
어 비벼 먹거나 풋고추를 고추장에 찍어 먹으면 보리에 부족한 비타
민 C를 보충해 줄 수 있어 건강식이라 할 수 있다.

〜 돼지고기와 새우젓

수육은 담백한 맛 때문에 우리나라 사람들이 즐겨 먹는 음식
이다. 수육은 삶은 고기를 말하며, 보통 돼지고기 삼겹살이나 목살로
만든다. 수육은 삶는 동안 포화지방산과 콜레스테롤은 빠지고 단백

제1장 K-푸드 인기의 비결

질은 대부분 남는다. 우리나라에서는 콜라겐이 풍부한 족발도 즐겨 먹는다. 콜라겐은 뼈의 건강을 유지하는 데 필요한 성분이다.

수육이나 족발을 먹을 때는 새우젓과 같이 먹는 것이 좋다. 새우젓에는 단백질과 지방 분해효소가 많아 돼지고기의 소화를 돕는 효과가 있다. 또한 새우젓은 발효과정에서 생긴 조미 성분으로 인해 조미료 역할을 톡톡히 하며, 짠맛으로 인해 위액의 분비가 촉진되어 소화가 잘되게 해준다.

〜 생선조림과 무

우리나라 사람들은 생선 중에서도 고등어와 꽁치를 즐겨 먹는다. 고등어와 꽁치는 깊은 바다에서 잡히는 등푸른생선으로 오메가-3 지방산이 풍부하다. 오메가-3 지방산은 염증과 혈액 응고를 줄여주어 심혈관질환, 암, 관절염 등의 예방과 치료에 효과적이며, 뇌, 신경, 눈 조직의 구성에 꼭 필요한 영양소이다.

고등어조림이나 꽁치조림을 할 때는 무나 김치가 빠지지 않는다. 무에는 이소시아네이트(아이소사이안산화물)라는 매운맛 성분이 들어 있어 고등어나 꽁치의 비린내를 없애주기 때문이다. 고등어와 꽁치에 신김치를 넣고 요리해도 비린내를 잘 없애준다. 고등어와 꽁치의 담백한 맛이 김치의 칼칼한 맛을 부드럽게 해주기 때문에 서로 궁합이 잘 맞는 음식이라고 할 수 있다.

5
K-푸드로 차리는
하루 세 끼 식단

〜 담백한 아침 밥상으로 맞이하는 활기찬 하루

'아침은 황제처럼, 점심은 평민처럼, 저녁은 거지처럼 먹어라'
라는 말이 있다. 하지만 이와는 반대로 아침은 굶고, 점심은 그럭저
럭 먹고, 밤에는 황제처럼 폭식하는 사람들이 대다수이다. 우리는 왜
아침을 잘 먹어야 할까? 이는 밤새 보충하지 못한 영양분을 보충하
여 주기 때문이다.

아침에 일어나면 전날 저녁 식사를 한 지 거의 15시간이나 지
나서 에너지와 영양분이 고갈된다. 그때쯤이면 뇌의 활동에 필수적
인 포도당은 대부분 소멸한다. 따라서 뇌의 대사에 가장 중요한 당
분을 공급하려면 아침 식사가 절대적이다. 뇌에 포도당이 공급되지
않으면 뇌의 기능이 떨어지고 집중력이 떨어진다. 아침밥을 영어로

'breakfast'라고 하는데, fast는 굶은 상태를 말하므로 '굶은 상태를 끝낸다'는 뜻이 된다.

아침을 거르고 오전에 간단한 간식을 먹는다고 해도 충분한 에너지를 공급해 줄 수 없을 뿐만 아니라 점심시간이 가까워지면 뇌의 활동이 지장을 받는다. 아침을 거르면 자연히 나머지 두 끼의 식사량이 늘어나 오히려 칼로리 섭취가 많아지는 결과를 가져온다. 점심을 지나치게 많이 먹고, 이에 따라 저녁을 늦게 먹는 불규칙한 식습관이 형성되어 위염이나 위궤양 등의 위장질환을 일으킬 수 있다.

아침에 뇌에 포도당을 공급해 주기 위해서는 포도당으로 쉽게 전환되는 탄수화물을 섭취해야 한다. 따라서 아침은 밥이 주메뉴가 되어야 한다. 다만, 흰밥을 먹으면 혈당이 빨리 올라가므로 잡곡밥이나 현미밥을 먹어 혈당이 천천히 올라가도록 하는 것이 좋다. 또 아침부터 많은 양의 밥을 먹으면 배가 더부룩하여 오전에 활동이 불편하므로 2/3공기 정도 먹는 것이 좋다. 현미나 잡곡밥에 배추된장국이나 시래깃국을 준비하고, 반찬으로는 먹기 간편한 김치와 나물, 김, 생선조림 등을 준비한다. 그리고 밑반찬으로 고추 멸치조림, 검은콩조림 등을 곁들이면 자극적이지 않고 담백한 아침 식사가 될 수 있다.

아침에는 빵보다 밥을 먹는 것이 좋은데, 밥을 먹으면 반찬을 골고루 먹어 영양분도 골고루 섭취할 수 있기 때문이다. 우리 몸은 신체를 유지하기 위해 미량으로 필요한 영양소가 많은데, 아침에 식사를 거르거나 간단히 식사하는 경우에는 필요한 영양소를 제대로 섭취하기 어려울 때가 많다. 그러므로 한두 가지로 아침 식사를 하는 것보다는 여러 가지 음식을 골고루 조금씩 먹어 영양분을 섭취하는 것이 바람직하다.

아침 식사로 하루에 필요한 에너지를 얼마나 섭취하면 좋을까? 아침 식사량은 개인의 에너지 소비량에 따라 다르지만, 보통 하루에 필요한 영양소의 약 25%를 섭취하는 것이 바람직하다. 게다가 아침에는 식사를 준비할 시간이 충분하지 않다. 어른이나 아이나 시간이 없어 서두를 뿐만 아니라 이런저런 이유로 밥맛이 없는 경우가 많다. 아침에 일찍 일어나 밥을 먹고 출근하는 것이 힘들 때는 보리수프, 율무죽, 검은콩가루죽, 팥죽 등을 준비한다. 죽 종류는 위에 부담을 주지 않고 탄수화물을 공급할 수 있는 좋은 음식이다.

죽만 먹어서는 우리 몸에 필요한 여러 가지 영양분을 공급하기 부족할 수 있으므로 버섯, 당근, 토마토, 오이, 양배추, 셀러리, 브로콜리, 상추, 케일 등 채소를 이용한 샐러드를 곁들이면 비타민과 무기질을 보충하고 장의 활동을 활발하게 해주는 식이섬유소도 보충할 수 있어 좋다.

비만이 두렵다는 이유로 아침을 굶으려는 사람들이 많다. 하지만 연구 결과에 의하면 아침을 굶는 사람보다 아침을 먹는 사람이 더 살이 찌지 않는다고 한다. 아침을 먹어야만 대사를 촉진해 하루 종일 효과적으로 칼로리를 소모할 수 있기 때문이다. 밤새도록 굶으면 에너지가 필요한데, 아침을 굶으면 대사가 느리게 되어 칼로리가 없어지는 속도도 느려져 오히려 살이 찔 수 있다.

아침을 굶으면 노폐물이 분비되어 식욕을 일시적으로 떨어뜨려 몇 시간 동안 배가 고프지 않을 수 있다. 그러나 먹기 시작하면 급격히 식욕이 돌아와 지나치게 먹게 되고, 신체의 칼로리를 태우는 속도가 느려지게 된다. 따라서 한꺼번에 많이 먹으면 칼로리를 다 소비하지 못하고 몸속에 지방으로 저장하여 살이 찌게 된다.

〰️ 양질의 단백질을 보충하는 점심 밥상

점심(點心)이란 원래 '마음에 점을 찍는다'는 뜻으로 중국에서는 아침과 저녁 사이에 간단히 먹는 식사를 말한다. 그러나 우리의 점심은 오전의 피로를 풀어주고 오후에 필요한 에너지를 공급해 주는 중요한 식사이다.

현대인들은 이런저런 이유로 아침 식사를 거르는 경우가 많다. 그러다 보니 점심과 저녁이 그날 하루 식사의 전부가 된다. 아침을 제대로 먹지 못하고 저녁에 과식하고 잠자리에 들면 비만에 이르게 된다는 점을 고려하면 현대인에게 점심이야말로 가장 중요한 식사라 할 수 있다.

점심에는 무엇보다 양질의 단백질을 섭취해야 한다. 단백질이 풍부한 음식으로는 단연 쇠고기나 돼지고기를 들 수 있으나 고기는 지방이 많아 소화하는 데 어려움이 따른다. 특히 하루 종일 움직이지 않고 일을 하거나 공부하는 경우에는 배가 더부룩하여 활동에 지장을 받기 쉽다. 따라서 고기보다는 생선, 두부, 닭고기, 달걀 등 양질의 단백질이 풍부한 음식이 좋다.

닭고기는 단백질이 20% 정도로 풍부하지만 쇠고기나 돼지고기에 비해 지방이나 콜레스테롤 함량이 적어 맛이 담백하다. 닭고기를 요리할 때 우러나오는 진한 국물도 일품이다. 여름철 기운이 없을 때 땀을 뻘뻘 흘리면서 먹는 삼계탕은 부드럽고 소화도 잘되기 때문에 성장기의 어린아이나 노약자에게 좋은 식품이다. 스트레스를 많이 받으면 단백질의 소비가 많아지므로 잘 보충해 주어야 한다. 평소에 스트레스를 많이 받는 직장인이라면 채식만 해서는 곤란하고 단백질을 충분히 섭취해야 한다.

양질의 단백질을 보충하는데 좋은 식품 중 하나는 꽁치나 고등어조림이다. 꽁치와 고등어에는 단백질이 약 20% 정도 들어 있고, 필수 아미노산의 조성도 뛰어나 영양의 보고라고 할 수 있다. 또 철분, 칼슘, 칼륨 등의 무기질이 풍부하다. 고등어, 꽁치, 정어리 등 등푸른생선은 암이나 골다공증의 예방에 좋은 비타민 D를 많이 함유하고 있다.

단백질이 풍부한 또 다른 음식으로는 두부가 있다. 두부의 원료인 콩에는 비타민 B1, B2, B6 등이 다른 곡물보다 많이 들어 있다. 또한, 콩에는 무기질이 적절히 갖추어져 있어서 칼슘, 칼륨과 철분의

제1장 K-푸드 인기의 비결

공급원으로도 역시 중요하다.

　　점심으로 먹는 밥은 흰쌀밥보다는 영양이 풍부한 잡곡밥, 콩밥, 현미밥이 좋다. 점심에 섭취하는 칼로리는 하루에 필요한 칼로리의 약 40%로 800kcal 정도를 섭취하도록 한다. 점심에는 제철에 나오는 시금치, 오이, 미나리, 가지, 더덕무침 등의 반찬을 먹는다. 칼로리가 낮은 식품도 기름에 튀기면 칼로리가 높아지므로 튀긴 닭고기, 튀긴 생선, 튀긴 채소는 피하는 것이 좋다.

～ 저녁은 6시 이전에 가볍게 먹는다

　　저녁 식사는 몸에 부담이 되므로 되도록 가볍게 먹어야 좋다. 하지만 현대인들은 아침이나 점심을 제대로 하지 못하다가 저녁에 한꺼번에 폭식하는 경우가 많다. 심하면 저녁 한 끼에 하루에 필요한 에너지를 모두 섭취하는 경우도 있다. 그러므로 저녁 식사는 6시 이전에 마치도록 한다. 저녁에 섭취하는 칼로리 섭취량은 아침이나 점심보다는 조금 적은 것이 좋다. 저녁에 먹는 밥은 잡곡밥이나 현미밥으로 반 공기 정도 먹는다. 하루에 필요한 칼로리의 약 25% 정도를 저녁 식사로 보충한다.

　　똑같은 음식이라도 낮에 섭취하는 것보다 저녁에 먹으면 더 많은 에너지가 체내에 축적된다. 밤에 잠을 자는 동안에는 신체가 필요로 하는 에너지의 양이 적기 때문에 대사율이 낮아 에너지가 더디게 소비되고 체지방으로 쌓여 살이 찌기 때문이다. 저녁에 먹으면 다 살로 간다는 것은 이러한 연유에서 나온 이야기이다.

하지만 저녁을 가볍게 먹으면 쉽게 배가 고파온다. 단순히 흰밥만 많이 먹으면 처음에는 배가 부르지만 30분만 지나도 배가 고파져 다시 먹고 싶어진다. 따라서 저녁에는 혈당지수가 낮은 식품을 먹어 천천히 혈당을 공급해 주어야만 공복감을 줄이고 배고픔을 참을 수 있다.

혈당지수(GI, glycemic index)란 음식을 먹은 뒤 두세 시간 후에 혈당이 얼마나 올라가는지를 측정한 값이다. 흰 빵, 쌀밥, 떡, 쿠키, 케이크, 삶거나 구운 감자, 튀긴 밀이나 쌀, 콘플레이크, 콜라, 건포도 등은 혈당지수가 높은 식품이다. 과일 중에서도 수박이나 포도 등은 혈당지수가 높다. 이런 식품들은 섭취한 후에 쉽게 소화되어 설탕과 마찬가지로 쉽게 혈당을 높인다. 반면, 배, 복숭아, 오렌지 등 과일이나 배추, 시금치, 브로콜리, 양파와 같은 채소류, 보리, 현미, 잡곡, 콩, 두유 등은 혈당을 쉽게 올리지 않는 식품으로 우리 몸속에서 소화되는 데 시간이 오래 걸린다.

아침 식사나 점심 식사 시간에 냄새가 나는 음식을 먹게 되면 다른 사람들과 대화하는 데 지장을 받을 수 있으므로 마늘, 부추, 양파 등은 저녁에 먹도록 한다. 저녁에는 미역국이나 쑥국, 청국장찌개 등 피를 맑게 해주고 속을 편안하게 해주는 음식이 좋다.

음식 중에서도 냄새가 강한 것이 우리 몸에는 좋은 경우가 많다. 산삼과 더덕, 마늘과 양파 등 몸에 좋은 음식은 대개 냄새가 강한 것이 특징이다. 된장과 청국장 같은 우리의 전통 발효식품도 냄새가 심하다. 이러한 냄새는 주로 플라보노이드 계통으로 심장질환이나 암, 당뇨 등의 예방에 효과가 있다. 마늘이나 양파의 유황 화합물은 혈액순환을 좋게 하여 세포에 활력을 준다. 마늘이나 양파를 많이 먹는 사람들은 위암, 유방암, 간암, 대장암 등에 적게 걸린다는 보고가 있다. 이는 마늘이나 양파의 유황 화합물이 활성산소를 제거하여 암 세포를 억제하기 때문이다. 항암 효과로 주목받고 있는 셀레늄과 플라보노이드도 마늘에 많이 들어 있다.

　사실 미역국 한 그릇과 김치만 있으면 저녁을 간단히 해결할 수 있다. 몸에 좋은 음식으로 잘 알려진 청국장도 냄새 때문에 저녁에 먹는 것이 좋다. 청국장은 각종 필수아미노산이 함유된 영양가 높은 식품인 콩을 영양학적으로 가장 유익하게 이용한 것이다.

제2장

K-푸드를
풍성하게 해주는
다양한 재료들

1
K-푸드의 품격을 높이는
밥과 죽

　　K-푸드의 기본은 세끼 먹는 밥이라고 할 수 있다. 우리 민족은 수천 년 전부터 곡류를 주식으로 삼았고, 그중에서도 특히 쌀이 중심에 있었다. 이 때문에 벼를 재배하는 평야가 많으며, 어느 지방에 가든지 유명한 쌀밥집이 있다. 이천 쌀밥이나 안성 쌀밥이 대표적이다.

　　안성 금광면에 가면 안성마춤쌀밥집 여러 곳이 있다. 물빛이 반짝이는 호수 곁에 자리를 잡고 있는 쌀밥집에 들어서면 빼어난 경관에 말이 사라진다. 쌀밥 정식을 주문하면 자그마한 솥에 지은 기름기 자르르한 뜨거운 쌀밥이 나온다. 막 지은 뜨거운 쌀밥을 덜어 먹는 그릇은 유기의 고장 안성답게 고급스러운 유기이다. 식당 입구에 진열된 안성 유기를 밥상에서 마주하니 특별한 대접을 받는 기분이다.

소담하게 담아낸 밥알 하나하나가 완전립이다. 완전립이란 농부가 정성을 들여 생산한 벼를 미곡 처리장의 최신 시설을 이용하여 금이 간 쌀(절미), 싸라기, 착색립, 쌀알에 흰 반점이 있는 분상질립 등의 불완전미를 모두 제거하고 완전한 모양의 쌀만 골라 담은 것을 말한다. 쌀도 안성맞춤인 셈이다.

최고의 쌀밥에 걸맞게 반찬 역시 다채롭다. 미나리나물, 참나물, 해초나물 등 갖가지 나물부터 미역무침, 더덕무침, 호박볶음, 두부조림에 잡채, 조기구이, 불고기, 방게, 달걀찜, 배추겉절이 등이 어우러져 수라상 부럽지 않다. 맛 또한 하나같이 신선하고 깔끔해서 자꾸만 입에 당긴다.

온전한 쌀밥과 스무 가지가 넘는 반찬을 맛보고 나니 왠지 마음이 든든하다. 들나물이나 산나물은 모두 안성 근처에서 캐온 것이라니 역시 잘되는 집 주인의 바지런함은 남다르다. 식사를 마치고 나올 때 누룽지까지 챙겨주는 세심함이 더해지니 누구라도 반할 수밖에 없다.

밥에 이용되는 쌀은 값이 비교적 싸면서도 탄수화물과 단백질이 풍부하여 우리 몸에서 필요로 하는 에너지를 가장 많이 공급하고 있다. 특히 현미는 단백질, 비타민 B1, B2, B3 등과 철분뿐만 아니라 다른 무기질과 비타민을 많이 함유하고 있다. 신체의 성장과 발달에 필요한 단백질은 고기나 우유로부터 섭취할 수도 있지만, 우리의 주식이 밥이기 때문에 곡물로부터 섭취하는 단백질이 월등히 많다. 비타민 B1이 부족하면 식욕감퇴, 허약, 우울증 등이 나타날 수 있는데, 곡물이 이 비타민을 공급할 수 있는 중요한 식품 중 하나이다.

그밖에 K-푸드를 풍성하게 해주는 재료로는 상추, 쑥갓, 오이, 콩나물, 풋고추, 가지, 시금치 등 각종 채소류와 꽁치, 고등어, 굴, 오징어 등 해산물 등이 있다. 그 밖에도 외국인들에게는 생소한 쑥, 민들레, 질경이, 씀바귀, 참두릅, 개두릅, 고사리, 취나물, 참나물, 더덕, 도라지, 고들빼기, 냉이 등 우리의 들판이나 야산에서 나오는 야생식물이 많이 있다. 이러한 재료에는 식이섬유, 비타민류, 셀레늄, 플라보노이드 등 각종 항산화 물질이 풍부하여 우리 몸의 면역력을 증강시켜준다.

～ 한류열풍의 주역, 김밥

김밥은 한국 음식 중에서도 가장 사랑받는 메뉴 중 하나로써 어린아이부터 어른까지 누구나 좋아하는 음식이다. 김밥은 다양한 재료를 넣어 만들기 때문에 세계인의 다양한 입맛을 만족시킬 수 있는 매력을 지니고 있다. 최근 전 세계적으로 K-팝 아이돌과 한국 드라마를 좋아하다 보니 김밥도 인기를 끌고 있으며, 우리나라의 식품 업체가 수출한 냉동 김밥이 미국 시장에서 히트하는 중이다. 김 자체에 비타민, 무기질, 식이섬유 등이 풍부하고, 당근, 버섯, 호박, 오이 등 각종 부재료가 들어가 있어 영양가도 높으며, 다양한 영양소를 한

끼에 모두 섭취할 수 있는 이점이 있다.

예전에는 서양인들이 보기에 김은 신기한 음식이었다. 그들의 눈에는 그저 검은 종이처럼 보였기 때문이다. 냄새 나는 검은 종이에 참기름을 바르고 소금까지 뿌렸으니 이상하게 보일 수밖에 없었을 것이다. 게다가 그 속에 들어 있는 단무지는 처음 먹어보는 서양인들에게는 무척 생소한 음식이 아닐 수 없다. 하지만 지금은 사정이 많이 달라졌다. 서양의 어느 도시에 가더라도 일식과 한식 식당이 있기 때문에 김을 접해본 사람들이 꾸준히 늘어가고 있다.

예로부터 밥을 먹을 때 김만 있으면 밥이 금방 없어진다고 하여 '밥도둑'이라고 불렀다. 아무리 반찬이 없어도 밥 위에 김치를 얹고 김으로 싸 먹으면 순식간에 밥 한 그릇을 먹어 치울 수 있기 때문이다. 1640년(인조 18년) 태안 광양에서 김여익이 최초로 김 양식에 성공했다는 기록이 남아있는 것으로 보아 최소 400여 년 이상의 역사를 가지고 있다. 우리나라에서는 2022년 기준, 연간 약 55만 톤의 김이 생산되고 있으며, 매년 6억 달러 이상 수출하고 있다.

김은 단백질이 35%일 정도로 다량 함유되어 있어 콩보다 단백질이 많고, 필수 아미노산이 골고루 들어 있다. 비타민이나 무기질과 같은 영양소가 부족하면 면역력이 떨어져 각종 질병에 걸리기 쉽다. 또한 비타민 A, B1, B2, B3, C가 많이 들어 있어 비타민의 보고라고 불린다. 특히 비타민 A가 많이 들어 있는데, 비타민 A는 야맹증 예방에 좋으며 거친 피부를 촉촉하게 해주는 성질이 있다. 그 밖에도

제2장 K-푸드를 풍성하게 해주는 다양한 재료들

마그네슘, 칼슘, 철, 아연, 구리, 코발트 등 무기질도 다양하게 들어 있어 영양덩어리라고 할 수 있다.

보통 미네랄이 부족하면 피부를 비롯한 세포들은 빠른 속도로 노화되고 만다. 따라서 이런 노화 속도를 정지시키거나 천천히 일어나도록 유도하려면 충분한 미네랄 공급이 이루어져야 하는데, 김은 미네랄이 풍부하여 노화를 방지할 뿐 아니라 멜라닌의 활동을 억제함으로써 기미가 생성되는 것을 억제하는 효과도 기대할 수 있다. 김에는 식이섬유와 고도불포화지방산인 EPA가 많이 들어 있어 혈중 콜레스테롤을 낮춰주고, 대장암까지 예방하는 효과가 있다. 또 아미노산의 일종인 타우린이 많이 들어 있어 콜레스테롤 함량을 낮춰주고 피로 회복에도 좋다.

김은 중금속이나 독소를 제거해 주는 해독작용까지 있다. 건조한 김에는 포피란이라는 다당류가 10% 정도 들어 있는데, 이 물질은 콜레스테롤 함량을 낮춰주고, 항산화 활성, 항종양 활성 등의 작용이 있는 것으로 알려져 있다.

〜 먹기에 편리하고 영양적으로도 우수한 비빔밥

비빔밥은 한식 중에서도 먹기 편하고 영양적으로도 우수하여 매우 큰 인기를 끌고 있는 대표적인 K-푸드이다. 비빔밥 하면 가장 먼저 떠오르는 것이 '전주비빔밥'이다. 전주에는 비빔밥 만드는 기술

하나로 무형문화재로 지정된 음식점이 있다. 콩나물국과 20여 가지 나물과 채소, 날달걀이 보기 좋게 유기에 담겨 나온다. 이곳은 유기를 고집하는데, 온도를 일정하게 유지해 주는 역할을 하기 때문이다. 밥은 쇠뼈를 푹 고아 만든 사골국물로 짓는다. 비빔밥을 구성하는 재료와 반찬이 대부분 식물성인 점을 감안할 때 사골국물로 밥을 짓는다는 것은 영양학적인 균형을 고려한 세심함이다.

이 집 비빔밥의 비결은 그리 달지 않고 느끼하지도 않은 은은한 매운맛과 감칠맛이 일품인 고추장에 있다. 뒤돌아서면 다시 생각나는 맛이다. 우리나라 사람들은 김치, 고추장 등 매운 음식을 좋아하여 하루에 5g 정도의 고추를 소비하고 있다. 고추가 매운맛을 내는 주성분은 캡사이신이라는 화합물인데, 고추에 약 0.2~0.5% 들어 있다.

캡사이신은 소화계통을 자극하여 식욕을 돋우고 소화액의 분비를 촉진해 소화를 돕는다. 호주 태즈메이니아대학의 앤드루 데이비스 박사는 고춧가루를 넣은 음식을 먹고 자면 쉽게 잠에 빠지고 다음날에도 활기 있는 활동을 할 수 있다고 발표하여 화제가 되었다. 캡사이신은 진통 성분이 있어 의학적으로 두드러기, 마른버짐, 관절염 등의 치료에 사용되기도 하고, 면역기능을 증진하고, 항산화 성질이 있어 항암 작용이 있다.

비빔밥의 가장 큰 재료는 불고기이다. 당근, 호박, 오이, 버섯 등의 채소류가 들어가고 된장국, 밥으로 되어 있어 주로 식물성이지

제2장 K-푸드를 풍성하게 해주는 다양한 재료들

만, 성장기의 어린이나 노인은 양질의 단백질이 필요하다. 단백질을 보충하는데 가장 좋은 음식은 고기이므로 근육의 손실을 막고, 근력을 유지하기 위해서는 고기를 적당량 섭취하는 것이 좋다.

건강을 위한 식생활에서 가장 필요한 것은 비빔밥과 같이 육식과 채식이 적절히 조화를 이룬 음식이다.

～ 허기진 추억이 담긴 웰빙식, 보리밥

보리는 추운 겨울철에 재배되기 때문에 다른 작물에 비해 병해충이 심하지 않아 농약을 살포할 필요가 없고, 쌀을 주식으로 하는 우리의 식생활에서 부족하기 쉬운 여러 가지 비타민과 무기질을 많이 함유하고 있어 영양분을 균형 있게 섭취할 수 있는 좋은 식품이다.

로마시대의 검투사는 체력 증진을 위해 보리를 많이 먹었으며, 그 때문에 별명이 '보리 먹는 사람'이었다고 한다. 우리나라에서는 식량이 부족하던 1960년대에 쌀농사만으로는 그 다음 해 추수까지 버틸 수 없었고, 그나마 6월에 보리가 수확될 때까지 식량난으로 고생을 했는데 이 시기를 '보릿고개'라고 불렀다. 이와 같이 보리는 우리에게 중요한 식량이었음에도 불구하고, 가난했던 시절에 먹던 식량으로 인식되어 그 소비량이 점점 줄어들고 있다. 1970년대까지만 해도 부족한 쌀을 충당하기 위해 보리 혼식이 장려되었으며, 학교에서는 도시락 검사까지 해가며 보리 혼식을 요구했으나 쌀 생산량이 증가하면서 보리의 소비량은 꾸준히 줄어들었다.

보리는 혈중 콜레스테롤의 함량을 낮춰주는 성질이 있다. 연구에 따르면 혈중 콜레스테롤 함량이 약간 높은 21명의 남자 성인에게 보리 플레이크(눌러서 바싹 말린 식품) 170g(약 7.5g의 베타글루칸 함유)을 11주간 먹였을 때 혈중 총콜레스테롤 함량은 6%, 그중에서도 심혈관계 질환의 발생과 관련이 깊은 'LDL-콜레스테롤'의 함량을 7% 낮출 수 있다고 보고되었다. 하루에 보리 플레이크 170g을 섭취하는 것은 찰보리를 쌀과 50% 혼합한 밥 2공기를 먹는 것에 해당한다. 그러나 보리밥 한 공기에도 280kcal가 들어 있어 칼로리에서는 흰쌀밥과 큰 차이가 없다.

서양 사람들은 우리의 보리와 비슷한 귀리를 많이 재배한다. 귀리도 베타글루칸이라는 물질이 들어 있어 각광받고 있는 재료이다. 우리 조상들이 여름철에 열무김치를 넣고 고추장을 살짝 넣어 비벼 먹던 보리밥이 요즘 성인병을 걱정하는 우리들이 먹어야 할 건강식인 셈이다.

〰 조상들의 장수식품, 잡곡밥

흔히 쌀 이외의 곡물을 잡곡이라 부른다. 여기서 '잡'이란 그다지 중요하지 않다는 의미를 내포하고 있다. 우리 민족은 수천 년 전부터 조, 수수, 기장, 보리 등을 먹어오다가 맛이 훨씬 좋고 기후 풍토에도 맞는 쌀이 결국 주곡의 자리를 차지하게 되었다. 하지만 쌀 수확량이 부족했던 시절에는 그저 부자들이나 먹을 수 있는 곡식이 었고, 가난한 사람들은 6월에 보리가 수확될 때까지는 먹을 것이 없 어 수수, 조 등으로 잡곡밥을 먹고, 그것도 없으면 고구마로 끼니를 때우곤 했다. 가난한 서민들과 달리 부자들은 늘 흰쌀밥을 먹었다.

반면, 흰쌀을 주식으로 했던 사람들은 늘 건강이 별로 좋지 않 았다. 1757년에 박지원이 쓴 『민옹전』이라는 소설에는 장수하기 위 해서 밥을 먹지 않고 복령, 인삼, 구기 등 보약을 먹다가 오히려 기진 맥진해진 사람을 보고, "그대의 병은 오곡이 아니고서는 고칠 수 없 다"라고 말하는 부분이 나온다. 비록 소설이기는 하지만 보약보다는 수수, 조, 찹쌀, 팥, 콩 등 오곡으로 지은 잡곡밥으로 식사를 해야 병 을 고칠 수 있다는 사실을 강조한 것이다. 옛날이나 지금이나 평소에 세 끼 먹는 밥이 중요하다는 사실을 모른 채 보약만 찾아 헤매는 사 람들을 나무라는 대목처럼 보인다.

잡곡은 흰쌀에 비해 단백질이 풍부하며, 우리 몸의 신진대사 를 활발히 유지할 수 있는 비타민 B1, B2, B6 등과 칼슘, 철분 등을 보충할 수 있어 건강식품이라고 할 수 있다. 이 밖에도 잡곡에는 식 이섬유, 피트산, 아라비노자일란, 폴리페놀, 사포닌 등 여러 가지 생 리활성 물질이 들어 있어서 콜레스테롤 합성을 막고 발암 물질 생성 을 방해해 암 발생을 억제한다. 특히 적색의 수수와 같은 잡곡은 타닌이나 폴리페놀 성분을 함유하여 항암 작용이 있다. 조, 기장, 수수는 식이섬유가 많아 변비를 예방하고 혈중 콜레스테롤을 낮춘다. 폴리페놀 등 생리활성 물질에 의한 항염증 효과, 식후 혈당 상승을 일으키는 효소작용을 저해해 당뇨에 유익한 효과가 있다.

그러므로 우리가 매일 먹는 세 끼 밥부터 먼저 섬유소, 비타민 B, E, 철분, 아연, 셀레늄 등을 많이 함유한 잡곡밥으로 바꾸는 것이 각종 성인병과 암을 예방하고 식생활을 개선하는 데 도움이 된다고 할 수 있다. 하지만 흰쌀밥에 길든 우리의 입맛으로는 100% 잡곡으로 지은 밥을 지속적으로 먹기 쉽지 않다. 따라서 백미, 현미, 발아현미, 찹쌀, 흑미 등 쌀 종류를 70%, 보리 10%, 검은콩, 흰콩, 강낭콩, 팥 등을 10%, 수수, 조 등 다른 잡곡을 10% 혼합하여 잡곡 비율을 30% 이내로 섞어 먹어야 싫증을 느끼지 않고 지속적으로 먹으면서 건강을 지킬 수 있다.

～ 악귀와 병을 막아준다는 팥죽

우리는 무언가 중요한 것이 빠졌을 때 '앙꼬(팥앙금) 없는 찐빵'이라는 말을 쓴다. 찐빵은 중국이나 우리나라에서 많이 먹는 음식 중 하나로 중국 사람들이 많이 먹는 만두에 우리나라 사람들이 좋아하는 단팥을 넣어 만든 것이다. 또 추석에 먹는 송편에도 깨, 콩, 밤, 팥 등을 넣어 만든다.

우리 조상들은 이사를 마친 뒤 귀신이 들어오지 못하도록 귀신이 싫어하는 붉은색의 팥으로 고물을 만들고 시루떡을 만들어 동네 사람들에게 돌리는 풍습이 있었다. 붉은 팥시루떡은 귀신을 물리친다고 하여 조상의 제사상에는 절대로 올리지 않았다. 또 동짓날에는 모든 나쁜 기운을 없앤다고 하여 팥죽을 쑤어 대문이나 마당 여기저기에 뿌리기도 했다. 추운 동짓날 밤에 찹쌀가루나 수숫가루로 새알을 빚고 팥을 삶아 으깬 물에 넣고 끓인 동지죽을 동치미와 함께 먹으면 이보다 더한 별미가 없다. 외국에서 다른 한국 음식들은 자주 해 먹을 수 있지만, 동지죽만큼은 만들어 먹기가 쉽지 않아 사람들이 그리워하는 음식 중 하나이기도 하다.

　　팥에는 비타민 B1이 풍부하다. 비타민 B1은 당질을 분해하여 에너지를 내는데 필요한 비타민으로서 부족해지면 당질이 근육 속에 쌓여 식욕부진, 피로감, 수면장애, 신경쇠약 등의 증상을 나타낸다. 따라서 팥은 쌀을 주식으로 하여 부족하기 쉬운 비타민을 공급해주는 역할을 한다.

　　팥은 이뇨 작용이 뛰어나 체내의 불필요한 수분을 배출시키고 부기, 만성신장염 등의 치료에 좋다. 따라서 몸이 붓거나 배가 나오고 뚱뚱한 사람들에게 좋다. 그 밖에도 해독작용을 하며, 갈증을 풀어주고, 열을 식혀주며, 알코올에 의한 숙취를 완화해준다.

　　조선 후기에 홍석모가 쓴 『동국세시기』에 의하면 음력 정월에 팥가루를 물에 타서 세수하면 얼굴이 희어진다고 한다. 피부를 희게 해주는 것은 팥에 들어 있는 사포닌 때문이다. 사포닌은 장을 자극하여 배변을 원활하게 해주어 암을 예방해 준다. 팥의 색소는 안토시아닌으로 활성산소를 제거하여 마찬가지로 암을 예방하는 역할을 한다.

오곡밥은 찹쌀, 수수, 조, 콩, 팥으로 짓는데, 팥은 단단해서 밥을 짓기 전에 먼저 푹 삶아 건져낸다. 콩은 미리 물에 담가 불려 놓고, 찹쌀, 수수, 조는 혼합하여 별도로 씻고, 불린 콩과 삶은 팥을 섞어 팥을 삶았던 물에 넣고 밥을 짓는다.

2
한국 밥상의 독특한 문화,
다양한 반찬

〜 한국인의 쌈 문화, 상추와 쑥갓

상추는 기원전 4,500여 년경 이집트의 피라미드 벽화에 나올 정도로 역사가 깊다. 고려시대 상추는 중국에서도 맛이 좋기로 유명했으며, 고려의 상추 씨앗은 천금을 주어야만 구할 수 있다고 하여 '천금채'라고 불렸다. 조선시대 한치윤이 쓴 『해동역사』에도 삼국시대에 이미 우리 조상들은 상추쌈을 즐겨 먹었던 것으로 나오며, 조선 후기 정학유가 쓴 『농가월령가』에는 "보리밥 찬국에 고추장 상추쌈을 식구를 헤아려 넉넉히 여유를 두어 준비하소!"라는 구절이 있는 것으로 보아 상추쌈은 우리 조상들이 즐겨 먹던 전통음식이라고 할 수 있다.

상추는 쌉싸름한 맛이 특징으로 입맛이 없을 때 돋우어 주는 역할을 한다. 씹는 맛이 아삭아삭하여 서양 사람들에게는 샐러드의 기본으로 이용되지만, 우리나라 사람들에게는 쌈을 먹을 때 항상 기본적으로 필요한 채소이다. 쑥갓은 상추와 함께 쌈에 없어서는 안 되는 중요한 채소이다. 상추쌈을 싸 먹을 때는 쑥갓과 쌈장을 곁들여 먹어야 각각의 성질이 누그러져 그 맛이 조화를 이룬다.

한방에서는 상추가 성질이 차고 맛이 쓰며, 소화를 도와주어 오장을 이롭게 하며, 뼈와 근육을 튼튼하게 하는 것으로 알려져 있다. 또 가슴의 기운이 막힌 것을 풀어주고, 머리를 맑게 하는 기능이 있다. 상추를 먹고 나서 졸리는 것은 줄기에서 나오는 하얀 액에 있는 락투카리움이라는 성분 때문이다. 이 성분은 쓴맛이 나며, 수면제 역할을 한다. 따라서 불면증이 있을 때는 상추쌈이 최고라고 할 수 있다.

쑥갓은 지중해가 원산지인 국화과에 속하는 식물로서 한국, 중국, 일본 등 동양에서 많이 재배하는 채소이다. 쑥과 비슷하다고 하여 쑥갓이라고 부르기 시작했으며, 일본에서는 봄에 꽃이 핀다고 하여 '춘국'이라고 부른다. 상추와 쑥갓은 재배해 보면 쓴맛 때문인지 병해충의 발생이 적어 농약을 뿌리지 않아도 잘 자란다. 주로 어린 순이나 잎을 먹는데, 어릴수록 맛이 좋으나 생육이 너무 빨라서 조금만 지나면 꽃이 피어 버려 식용하기가 어려워진다. 서양인들은 쑥갓을 먹지 않는다. 쑥갓은 국화와 비슷하여 유럽에서는 관상용으로 재배되기도 하지만, 꽃이 그리 아름답지 못해 잘 기르지 않는다.

제2장 K-푸드를 풍성하게 해주는 다양한 재료들

상추와 쑥갓은 소화가 잘되는 알칼리성 식품으로 칼로리가 낮아 다이어트에 좋다. 상추와 쑥갓에는 비타민 A와 C가 많이 들어 있는데, 상추 100g에 비타민 A가 2.2mg, 쑥갓에는 2.7mg 정도로 많다. 비타민 A는 항산화 작용으로 활성산소의 발생을 억제하는 작용, 면역력 향상, 발암 억제 작용, 눈 건강에 효과가 있다. 비타민 C는 상추 100g에 19mg, 쑥갓에는 15mg이 들어 있다. 비타민 C는 철분 흡수를 돕고, 활성산소를 제거하여 암의 예방, 피부 건강, 면역력 향상에 도움이 된다.

쑥갓은 예로부터 위를 따뜻하게 하고 장을 튼튼하게 해 주는 식품으로 알려져 있다. 또 칼륨과 칼슘도 많이 들어 있는데, 칼륨은 혈압을 내리는 작용이 있으며, 칼슘은 신경안정에 도움이 된다.

생선찌개나 해물탕을 끓일 때 쑥갓은 빼놓을 수 없는 채소이다. 쑥갓을 전골이나 생선찌개, 해물탕, 매운탕 등에 넣어 먹으면 쑥갓 향으로 인해 생선의 비린내가 없어진다. 쑥갓의 상큼한 맛과 생선의 시원한 맛이 잘 어울릴 뿐만 아니라 해물에는 없는 비타민 A와 C, 엽록소가 보충되어 좋은 조화를 이룬다. 쑥갓의 맛과 향을 살리고 영양소의 손실을 줄이기 위해서는 해물탕을 다 끓인 후 먹기 바로 직전에 넣는 것이 좋다.

〜〜 사찰음식과 산나물

　사찰음식은 산나물을 중심으로 잎이나 가지, 뿌리, 열매 등을 채취하여 소박하고 정갈하게 차린다. 불교에서는 마늘, 부추, 파, 달래, 홍거가 맵고, 향이 강해 수행에 방해되기 때문에 '오신채'라고 부르며 엄격히 금하고 있다. 이 중 홍거는 우리나라에서는 재배되지 않기 때문에 대신 양파를 금지하고 있다.

　우리나라의 산과 들에서 야생하는 산나물은 약 4,500종이나 되는데, 그중 도라지, 더덕, 취나물, 참나물, 달래, 두릅 등 24종 정도가 식용으로 이용되고 있다. 두릅, 고사리 등은 어린순을 이용하고, 취나물, 참나물 등은 어린잎을 이용하며, 달래, 더덕, 도라지 등은 뿌리를 이용한다. 산나물은 농약이나 화학비료를 사용하지 않고 산에서 자연 그대로 자란 식물로서 종류에 따라 다르지만, 향기가 강하고 맛이 약간 쌉싸름한 것이 특징이다.

　봄철이 되면 우리의 입맛을 돋우는 산나물이 나오기 시작한다. 아마도 나이가 많은 어른들은 산나물 하면 어려웠던 시절을 먼저 떠올릴 것이다. 그때 우리 조상들은 춘궁기라고 해서 쌀밥은커녕 보리밥도 제대로 먹을 수 없어 산에 가서 고사리, 더덕, 두릅, 참나물, 취나물, 고들빼기, 냉이, 씀바귀, 질경이 등을 채취하여 먹었다. 사실상 풀이란 풀은 모두 먹었다고 봐야 한다. 그러나 최근에는 쌀이 남아돌고, 고기 등의 동물성 식품 섭취가 증가하여 성인병이 많이 발생하고, 자연식의 중요성이 인식되면서 산나물에 대한 관심이 높아지

　　　　　　　　　제2장 K-푸드를 풍성하게 해주는 다양한 재료들

고 있다.

산나물은 영양 면에서도 일반 채소에 뒤떨어지지 않는다. 비타민 C가 풍부하고 칼슘이나 철분과 같은 무기질이 풍부하다. 또한 100g에 들어 있는 칼로리가 고사리는 23kcal, 참나물·취나물은 35kcal, 달래 38kcal, 냉이 50kcal, 더덕 55kcal로 대부분 낮아 다이어트에 좋다. 산나물이 암을 예방하는 성질이 있다는 연구 결과도 있다. 산나물에 풍부한 식이섬유가 암 예방에 큰 역할을 하고, 항암성질이 있는 카로틴, 비타민 C, 폴리페놀, 식물성스테롤 등도 들어 있기 때문이다.

겨울이 지나고 들에 눈이 녹으면 제일 먼저 나오는 것이 냉이이다. 냉이는 봄이 되어 입맛이 없을 때 처음으로 입맛을 돋우어 주는 나물이다. 냉이는 잎과 뿌리를 동시에 먹는다. 냉이와 같은 산나물은 생채로 먹거나 생으로 녹즙을 내어 먹는다. 취나물은 비타민 A와 C의 함량이 많아 항암식품으로 좋고, 칼륨의 함량이 많아 나트륨을 몸 밖으로 배출시켜주는 역할을 하므로 고혈압 환자에게 좋다.

〜 숙취해소에 도움이 되는 콩나물국

인류의 역사가 시작된 이래로 개인의 일상에 있어서나 사회생활을 유지하는 측면에서나 빼놓을 수 없는 것 중 하나가 바로 술이다. 우리나라에서는 술을 '약주'라고 부르며 즐겨 마셨고, 서양에서는 맥주나 와인을 음료나 건강식품으로 여기며 즐겨 마셔왔다. 술이 건강 유지에 있어 긍정적인 효과가 전혀 없는 것은 아니다. 알코올은 소화액의 분비를 자극하여 식욕을 증진하며, 일상에서 긴장이나 흥분을 해소해 편안하게 해주는 심리적인 효과를 가지고 있다.

술을 마시면 얼굴이 붉어지는 것은 알코올의 대사산물인 아세트알데하이드가 축적되기 때문이다. 알코올은 간에서 단계적으로 아세트알데하이드와 아세테이트로 분해되어 없어진다. 그런데 선천적으로 알데하이드를 분해하는 효소가 부족하면 분해되지 않은 아세트알데하이드가 혈관을 타고 온몸으로 퍼지게 되고, 몸 안에 장기간 축적되면 각종 질병과 암을 유발하게 된다. 따라서 술을 몇 잔만 마셔도 얼굴이 붉어지는 사람은 음주를 피하는 것이 바람직하다.

그렇다면 숙취 해소에 좋은 음식으로는 어떤 것들이 있을까? 콩나물국, 북엇국, 조갯국 등이 숙취 해소에 좋다. 이러한 음식들은 지방 함량이 적어 맛이 개운할 뿐만 아니라 간을 보호해 주는 메싸이오닌, 라이신, 트립토판, 타우린, 베타인 등이 많이 들어 있다. 특히, 콩나물 뿌리에는 숙취의 원인이 되는 아세트알데하이드를 제거하는 효능이 있는 아스파라긴산이 많이 들어 있어 숙취 해소에 효과가 있다.

술을 마신 다음 날 허기를 느끼는 것은 일시적인 저혈당 증세 때문이다. 알코올은 포도당의 합성을 저해하기 때문에 과음한 다음 날에는 식사를 해도 혈당 수치가 높아지지 않아 허기를 느끼고 뭐든

제2장 K-푸드를 풍성하게 해주는 다양한 재료들

지 많이 먹고 싶어진다. 따라서 술을 마신 다음 날에는 꿀물, 유자차, 녹차 등으로 당 성분을 보충해 주고, 수분 섭취까지 충분히 해줄 필요가 있다. 간혹 술에 덜 취하고 싶어서 커피를 마시는 경우가 있는데, 커피나 에너지 음료에 들어 있는 카페인의 각성효과로 인해 술에 취하지 않았다고 착각하게 될 뿐, 실제 알코올 농도를 낮추지는 않는다. 따라서 오히려 과음하게 될 수도 있다.

3

K-푸드 빠질 수 없는
다양한 부재료들

〰 장수의 묘약, 질경이

    질경이는 풀밭이나 인도, 차량 통행이 잦은 비포장도로 등 어디에서나 질기게 잘 자란다고 하여 붙여진 이름이다. 매년 봄이면 정원이나 마당에서 잡초를 제거할 때 가장 많은 잡초 중 하나가 질경이다. 질경이는 시멘트 바닥의 갈라진 틈에서도 자라고, 자동차 바퀴에 짓밟혀도 꿋꿋하게 살아남는다. 얼핏 보면 질경이는 쓸모없어 보이는 잡초처럼 보이지만 이미 오래전부터 훌륭한 약초로 쓰여왔다. 질경이를 먹으면 몸이 가벼워지고 언덕을 뛰어넘을 수 있을 만큼 힘이 생기며 장수할 수 있다고 한다.

    질경이는 일명 '차전초(車前草)'라 부르기도 한다. 중국 한나라 광무제 때 마무(馬武)라는 훌륭한 장수가 있었다. 그는 광무제의 명을 받아 수천 명의 군사를 이끌고 전쟁터로 나갔는데, 도중에 풀 한 포기 나지 않는 황량한 사막을 여러 날 지나다 보니 병사들이 지치고 식량과 물이 부족해 굶주림과 갈증으로 하나둘씩 병이 들었다. 아랫배가 부어오르고 피오줌을 흘리는 병사들이 늘어갔으며 심지어는 말들도 똑같은 증상을 보이며 죽어갔다.

그러던 어느 날, 먹을 것이 없어 더 이상 병든 말을 돌볼 수 없었던 몇몇 마부들은 병든 말이 알아서 먹이를 찾아 먹도록 풀어주었다. 그러자 병든 말은 마차 밑에 난 풀을 뜯어 먹은 후 생기를 회복하고 피오줌을 흘리던 것도 깨끗이 나았다. 이를 본 마부들이 신기하게 여겨 마무 장군에게 풀을 뜯어 가져갔고, 장군은 이 풀을 나머지 병든 말과 병사에게 먹였다. 며칠 후 병사들과 말들은 원기를 회복했고, 마무 장군은 이 신기한 풀이 무엇이냐고 물었지만 아무도 그 이름을 알지 못했다. 그 후 마무 장군이 직접 '마차가 다니는 길에서 나는 풀'이라는 의미를 담아 차전초라고 이름을 지었다.

질경이에는 당분, 단백질, 무기질, 비타민 등이 다량 함유되어 있다. 질경이 100g에 비타민 A가 7.9mg이나 들어 있고 비타민 B1, B2도 많이 들어 있다. 또한 이뇨 작용, 해독작용이 뛰어나 민간요법에서는 고혈압, 변비, 천식, 관절염, 위장병, 신장염, 신경쇠약 등에 이용되어 왔다. 특히 항위염 작용이 있는 것으로 알려져 있어 불규칙한 식습관, 음주, 스트레스 등으로 인한 소화성 위궤양에 시달리는 현대인에게 좋은 식품이라고 할 수 있다. 질경이 씨앗은 차전자로도 불리며 한방에서는 기운이 허약하고 소변이 잘 나오지 않을 때 강력한 이뇨제로 사용한다. 노인들이 소변을 제대로 보지 못하고, 요도가 아프거나 눈이 아물거릴 때 질경이로 죽을 쑤어 먹기도 한다.

질경이는 어린잎을 살짝 데쳐서 양념하여 무쳐 먹으면 맛이 좋다. 나물무침을 만들기 위해서는 질경이를 뿌리째 잘 다듬어 깨끗이 씻은 뒤 끓는 물에 소금을 조금 넣고 데친 후 찬물에 헹구어 물기를 살짝 짜낸다. 맛간장, 깨소금, 들기름, 다진 마늘과 파를 넣어 조물조물 무쳐 내면 맛있는 질경이 나물무침이 된다.

～ 불면증과 신경안정에 좋은 대추

대추는 중국이 원산지로 우리나라에서는 고려시대부터 본격적으로 재배되었다. 대추는 높은 온도를 좋아해서 6월에 꽃이 피기 시작하여 7월까지 핀 다음 가을에 붉게 익기 시작한다. 대추 꽃은 벌이 와서 수정해야 하는데, 6월 말부터 장마가 계속되면 수정이 제대로 되지 않아 대추 농사가 흉년이 될 수 있다. '삼복에 비가 많이 오면 대추나무골 처녀가 눈물을 흘린다'는 속담이 여기서 생겨났다. 대추 농사가 잘되어야 처녀가 시집갈 밑천이 생기는데, 비가 많이 오면 흉년이 들어 시집갈 밑천을 마련할 수 없다는 뜻이다.

결혼식에서 폐백드릴 때 신부가 시부모에게 절을 올리면 대추를 던져준다. 대추는 씨가 전체의 약 50%를 차지하여 비율적으로

제2장 K-푸드를 풍성하게 해주는 다양한 재료들

가장 커서 사람으로 치면 우두머리나 최고의 인재를 의미한다. 신부에게 아이를 잘 낳아 국가와 민족에 필요한 훌륭한 인재로 키워달라는 의미에서 생긴 풍습이라고 한다.

대추의 대표적인 효능은 신경안정 효과다. 화가 잘 나거나 긴장하는 일을 많이 하는 사람, 신경이 예민해진 수험생이나 히스테리 증상이 심한 사람, 불면증이 있는 사람에게 좋다. 대추에는 아포르핀, 알칼로이드, 다당체와 같은 물질이 들어 있어 긴장을 풀어주고 신경을 안정시켜주는 것으로 보고되고 있으며, 씨에 더 많이 들어 있다. 따라서 불안과 우울, 스트레스, 불면증 등에 시달리는 사람은 대추를 씨와 함께 달여 차로 마시면 도움이 된다.

'대추를 보고 먹지 않으면 늙어진다'라는 말이 있다. 젊어지려면 노화 방지에 좋은 대추를 마음껏 먹으라는 얘기다. 대추가 노화 방지에 좋은 이유는 대추 속에 폴리페놀과 플라보노이드라는 생리활성 물질이 풍부하기 때문이다. 생리활성 물질은 노화의 주범인 활성산소를 제거하여 노화를 방지하는 효과가 있으며, 성질이 따뜻하여 혈액순환을 좋게 하고, 뇌출혈과 고혈압 예방 등 순환기 계통의 건강유지에 약리효과가 크다.

'양반 대추 한 개가 하루아침 해장이다'라는 속담이 있다. 이는 생대추에 에너지원으로 사용될 수 있는 당질이 25%나 들어 있고, 100kcal나 되어 식사 대용으로 가능하다는 뜻이다. 대추의 단맛은 비위를 튼튼하게 해 소화기능을 좋게 하며 신진대사를 원활하게 하여 기운을 돋우는 역할을 한다. 생대추 100g에는 비타민 C가 55mg이나 들어 있다. 이는 비타민 C가 많이 들어 있는 것으로 알려진 오렌지와 맞먹는 양이다. 흔히 감기에 걸리면 비타민 C가 부족하기 때문이라며 오렌지를 먹으라고 권하지만, 이제는 대추를 먹어야 할 것이다.

말린 대추 100g에는 비타민 C가 8mg 정도로 적게 들어 있다. 비타민 C는 불안정하여 햇볕에 노출되면 쉽게 파괴되기 때문이다. 따라서 비타민 C의 섭취를 위해서는 대추를 생으로 먹는 것이 더 좋으며, 그 밖에도 식이섬유, 플라보노이드 등이 많이 들어 있어 항암 효과가 있다. 몸 안에 담즙산이 많으면 장내에서 발암 물질로 변하게 되는데, 대추의 식이섬유는 담즙산을 흡착하여 발암 물질의 생성을 줄여주는 역할을 한다.

～ 비타민 A와 C가 풍부한 감

감의 원산지는 중국이며 우리나라와 일본으로 전파되어 동양에서 많이 재배되고 있는 과일이다. 문헌상으로는 우리나라 최고의 의서인 『향약구급방』에서 감에 대한 기록을 볼 수 있으며, 우리 속담에 '곶감 꼬치에서 곶감 빼 먹듯 한다', '홍시 먹다 이 빠진다.' 등 감에 얽힌 속담들이 많은 것으로 보아 오래 전부터 감이 식생활에 널리 이용되어 왔음을 알 수 있다. 서양인은 감을 잘 먹지 않는다. 아마

제2장 K-푸드를 풍성하게 해주는 다양한 재료들

도 먹을 때 입이나 손에 묻는 것이 귀찮기도 하고 달콤한 감 맛을 잘 모르기 때문인 것 같다.

감의 종류는 크게 단감과 떫은 감으로 나눌 수 있다. 일본에서는 단감이 많이 나고, 중국과 우리나라에서는 떫은 감이 많이 난다. 단감은 과육이 단단하며, 바로 먹을 수 있는 반면에 떫은 감은 단기간에 물러져 홍시가 되어야만 먹을 수 있다. 감의 떫은맛은 타닌이라는 성분 때문인데, 이 성분은 수용성으로 쉽게 떫은맛을 나타내나, 감이 자연적 혹은 인위적인 방식으로 가공되어 단감, 곶감 혹은 우린 감의 형태로 변화되면 타닌이 불용성으로 변하기 때문에 떫은맛이 사라지고 단맛이 강해진다.

감은 보통 과일과 달리 신맛이 없고, 14~15%의 당분을 함유하여 단맛을 내며, 비타민 A, B, C가 풍부하게 들어 있고, 펙틴, 리코펜 등이 들어 있다. 감의 색깔은 그 자체가 비타민이라고 할 수 있다. 감의 아름다운 색은 베타카로틴이라는 색소로서 체내에서 비타민 A로 변한다. 감 100g에는 0.22mg의 비타민 A가 들어 있다. 비타민 A가 부족하면 피부가 건조하고 거칠어지고 쉽게 트게 되므로 부드럽고 탄력 있는 피부를 유지하기 위해서는 충분한 양을 섭취해야 한다. 우리가 베타카로틴에 주목하는 것은 항산화 물질이며, 항암 물질이기 때문이다.

단감 100g에는 비타민 C가 50mg 정도 함유되어 있다. 비타민 C는 활성산소를 제거하는 역할을 한다. 활성산소는 우리 몸속의 대사 과정에서 생겨나는 물질이지만 중금속, 대기오염, 농약 성분, 의약품의 남용, 스트레스 등에 의해서도 생겨난다. 비타민 C는 면역 기능을 강화해 세균이나 바이러스의 힘을 약하게 한다. 따라서 비타민 C가 부족하면 감기나 여러 가지 질병에 걸릴 수 있다. 체내에서 발암 물질과 같은 독성 물질을 없애주는 역할도 한다.

감을 발효시켜 만든 감식초는 체내 대사기능의 활성화에 의한 피로 회복, 피부 건강, 골다공증 예방, 비만 예방 및 해소 등 다양한 효과가 있는 것으로 알려져 있다. 딸꾹질이 멎지 않을 때 감꼭지를 물에 달여 마시거나 곶감 삶은 물을 마시면 효험이 있다고 한다.

감을 먹으면 술이 빨리 깬다는 말이 있는데, 이는 타닌이 위점막을 수축시켜 위장을 보호해 주어 숙취를 덜어 주고 술이 분해되어 생기는 아세트알데하이드를 타닌이 제거해 주기 때문이다. 설사가 심할 때 감이나 곶감을 먹으면 멎는 것도 이런 효능 때문이다. 그러나 감을 너무 많이 먹으면 타닌이 몸속의 철분과 결합해 흡수를 방해하여 빈혈을 일으킬 가능성도 있다. 감을 많이 먹으면 몸이 차가워진다는 것도 이 때문이다.

예로부터 감나무에는 일곱 가지 덕이 있다고 했다. 오래 살고, 그늘을 만들며, 새가 집을 짓지 않고, 벌레가 없으며, 단풍이 아름답고, 열매가 먹음직스럽고, 낙엽은 좋은 거름이 된다는 뜻이다. 감나무는 열매뿐만 아니라 잎까지도 버릴 것이 없다. 감잎은 한의학에서 중풍과 고혈압 예방에 쓰여 왔다. 감잎에는 폴리페놀 성분이 들어 있

어 피를 맑게 해주고 혈압을 내려준다. 또 감잎 100g에는 비타민 C
가 200mg이나 들어 있어 피부를 곱게 해주는 기능이 있다. 감잎을
차로 만들어 마시려면 어린잎을 따서 찜통에서 1분 30초 정도 찐 다
음 그늘에 말려 두었다가 우려서 마시면 된다.

∼ 바다의 보리, 고등어

추석이나 설날, 또는 돌아가신 기일에 조상님이 좋아하는 음
식을 차려놓고 몸과 마음을 다해 모시는 의식이 제사이다. 특히 경북
안동 지역은 제례 의식이 발달했다. 제식에는 필연적으로 나라와 지
역의 전통이 스민 음식이 동원된다. 그리고 제사 후에는 상에 올랐던
나물을 모아 밥을 비벼 먹는다.

이러한 제례음식을 활용한 음식이 안동의 또 다른 별미인 '헛
제삿밥'이다. 헛제삿밥이란 이름은 제사가 없는 날에 글공부를 하던
선비들이 제사음식과 똑같이 만들어 먹었던 데서 유래했다. 헛제삿
밥 상에는 고등어찜이나 구이, 북어구이, 호박전, 다시마전, 삶은 달
걀, 무 고깃국, 김치, 고사리나물, 콩나물, 삶은 배추, 무나물 등이 올
라온다. 노릇노릇 알맞게 구운 간고등어 구이는 짜지 않고 씹을수록
감칠맛이 난다.

바다에서 멀리 떨어진 안동이건만 왜 간고등어가 유명할까?
안동에서 가장 가까운 바다는 영덕이다. 영덕에서 안동까지의 거리

는 거의 80km에 달한다. 안동 임하댐을 돌아가면 안동에서 사람들이 가장 많이 몰리는 챗거리 장터가 있다. 과거 어부들은 영덕에서 잡은 고등어를 들고 해 뜰 무렵부터 걷기 시작해 거의 해 질 무렵 안동 근처의 챗거리에 도착하여 소금을 쳤다. 그러한 과정을 반복하면서 생선은 상하기 바로 직전, 육질에서 나오는 효소의 작용으로 인해 더욱 맛있게 변한다는 사실을 알게 되었고, 그렇게 상하기 바로 직전에 아슬아슬하게 염을 한 것이 바로 안동 간고등어다.

고등어는 꽁치, 정어리, 전갱이와 함께 4대 등푸른생선에 속한다. '가을 고등어와 배는 며느리에게도 주지 않는다'는 속담이 있다. 초가을에서 늦가을에 잡히는 고등어가 가장 맛이 좋기 때문이다. 또 고등어는 서민들이 값이 싸고 영양가가 풍부한 보리처럼 먹을 수 있다 하여 '바다의 보리'라고 불릴 정도로 서민들이 자주 먹던 국민 생선이다.

예전엔 그리 큰 관심을 끌지 못하던 고등어, 꽁치, 정어리, 참치와 같은 생선이 인기를 끌고 있는 이유는 오메가-3 지방산의 영향도 있다. 이들 등푸른생선에는 성인병 치료와 예방에 효과가 있는 EPA(에이코사펜타엔산), DHA(도코사헥사엔산)와 같은 소위 오메가-3 지방산이 풍부하다. 오메가-3 지방산은 염증을 억제하고, 면역증강에 도움이 되며, 암 예방에도 효과가 있다. 또한 세포를 보호하고 뼈의 형성에 도움이 되어 관절염에 효과가 있는 것으로 알려져 있다.

고등어는 다른 어류에 비해 철분이 많아 빈혈 치료에 좋고, 칼

제2장 K-푸드를 풍성하게 해주는 다양한 재료들

슘, 칼륨, 니아신(비타민 B3) 등이 풍부하다. 등푸른생선은 암이나 골다공증의 예방에 좋은 비타민 D를 많이 함유하고 있다. 고등어에는 단백질이 약 20% 정도나 들어 있고, 필수 아미노산의 조성도 뛰어나 영양의 보고라고 할 수 있다. 65세 이상 노인의 30% 이상이 단백질 섭취량이 부족한데, 이는 나이가 들어감에 따라 식사량이 줄어들고 소화율이 떨어지기 때문이다.

단백질은 우리 몸에 필요한 효소, 근육, 호르몬, 항체, 혈액을 구성하는 물질이며, 소화를 돕고, 질병에 걸리지 않도록 면역 작용도 한다. 단백질은 뼈의 형성을 돕고, 혈액의 헤모글로빈 형성에 필수요소이고, 머리카락이나 손톱을 만드는 데 필요하며, 피부를 아름답게 해준다. 단백질이 부족하면 탈모 증상과 빈혈, 건조피부 등이 나타나고, 신체의 구성분이 하나둘씩 빠져나가기 때문에 전반적으로 제 기능을 제대로 발휘하지 못한다.

〰 해물파전의 단골 재료, 굴

동래해물파전은 조선시대에 동래부사가 임금에게 진상했다고 전해지는 전통 향토 음식이다. 채가 짧고 흰 부분과 푸른 부분이 선명한 조선쪽파를 사용하고, 멸치와 다시마를 우린 구수한 맛국물에 찹쌀가루와 멥쌀가루를 섞어 죽처럼 걸쭉하게 만든 반죽을 사용한다. 널찍한 철판에 기름을 두르고 손으로 쪽파를 올린 뒤 그 위에

굴, 대합, 홍합, 조갯살, 새우 등 싱싱한 해물을 얹어 어느 정도 익힌 다음, 다시 쪽파를 한 켜 올리고 넓게 펼친다. 그 위에 걸쭉한 반죽을 한 국자 끼얹고 반죽이 어지간히 익으면 달걀물을 부어 냄비 뚜껑을 덮어 노릇하게 익힌다. 이렇게 연하고 부드러우면서도 달짝지근하게 만들어진 파전은 초고추장이나 간장에 찍어서 먹는다.

해물파전의 단골 원료인 굴은 맛과 향이 독특하고 연하며 소화도 잘된다. 또한 비타민, 칼슘 등 여러 가지 영양소를 이상적으로 함유하여 '바다에서 나는 우유'라고 불린다. 그래서 굴은 날것으로 먹어야 그 독특한 향기와 맛을 음미할 수 있다.

서양 사람들은 해산물을 날로 먹지 않지만 유일하게 날로 먹는 해산물이 굴이다. 서양에서는 알파벳 R자가 없는 달에는 굴을 먹지 말라고 하는데, 이는 5월에서 8월까지를 말한다. 이 시기는 굴의 산란기로 영양분이 줄어들어 맛이 없어질 뿐만 아니라 빨리 부패하게 되므로 식중독을 일으키기 쉽다. 굴은 늦가을에 접어들면서 살이 오르기 시작하고 겨울에 맛이 최고조에 이른다. 따라서 가을부터 겨울 동안에 나오는 것이 영양가가 높고 맛도 좋다.

굴은 칼슘이 풍부하다. 무기질이 차지하는 비율은 약 1% 정도로 칼슘, 인, 칼륨, 철분, 아연 등 다양한 무기물의 보고라고 할 수 있다.

5세기경 나폴리에서는 굴이 정력에 좋다는 것을 알고 양식을 시작했다. 굴이 정력에 좋은 것은 굴에 들어 있는 아연 때문이다. 아연은 성호르몬 분비에 효과가 있다고 보고되어 있는데, 이는 굴이 정력제로서 좋음을 뒷받침해 주고 있다. 굴에는 타우린이라는 아미노산도 많이 들어 있다. 타우린은 두뇌의 성장과 발달, 눈의 망막 기능을 촉진하는 영양소이다. 또한 신경계의 활동을 도와 신경과 근육이 부드럽게 움직일 수 있도록 도와준다.

굴은 조직이 연해 부패하기 쉬우므로 젓갈로 이용되기도 한다. 굴에는 글리코겐이 0.3% 정도 들어 있는데 굴젓을 담그면 글리코겐이 발효되면서 분해되어 단맛을 낸다. 굴젓은 어리굴젓이라고도 하며, 소금의 짠맛과 단백질 분해물로 식욕을 돋우어 주고, 소화가 잘 되게 하며, 칼슘, 철분 등의 무기물이 풍부하여 영양적 가치가 크다.

〰 한국인의 특별한 간식, 오징어

2021년, 전 세계를 강타한 한국 드라마가 있다. 바로 〈오징어 게임〉이다. 83개국에서 TV 부문 1위라는 전무후무한 기록을 세우며 전 세계 시청자에게 인기를 끈 작품이다. 오징어는 그 특유의 구수한 냄새뿐만 아니라 쫄깃쫄깃하게 씹히는 감촉으로 우리나라 사람에게 없어서는 안 될 간식이다.

누구나 부담 없이 먹을 수 있는 오징어는 어느 한 부분도 버리지 않고 먹으며, 먹는 방법도 매우 다양하다. 가장 흔하게 볼 수 있는 것이 마른오징어이다. 외국에 나가 살더라도 구수한 마른 오징어의 맛을 그리워하며 잊지 못하는 사람이 많다.

오징어는 회로 해서 먹거나 살짝 데쳐 초고추장에 찍어 먹거나 오징어볶음, 오징어전골, 오징어젓, 오징어순대 등 다양한 형태의 음식으로 만들 수 있어 우리의 밥상을 풍성하게 해준다. 그러나 서양 사람들은 오징어를 잘 먹지 않는다. 오징어 냄새가 우리에겐 구수하지만 서양에서는 생소하게 느껴지기 때문이다.

오징어는 단백질을 많이 함유하고 있으며 칼슘과 철분 등이 풍부한 우수 식품이다. 물오징어의 경우 단백질 함량이 16~20%나 되고, 마른오징어의 경우는 71%가량 된다. 이는 쇠고기보다 3배가량 높고, 단백질의 질 또한 쇠고기나 돼지고기에 들어 있는 단백질과 같은 양질의 것이며, 다른 생선과 비교해도 뒤떨어지지 않는다.

오징어 100g에는 일종의 아미노산인 타우린이 327mg이 들어 있다. 타우린은 주로 동물성 식품에 들어 있으며, 혈중 콜레스테롤 함량을 억제하고, 간장의 해독 기능이 있어 피로 회복에 효과적이다. 타우린은 어린이의 신경과 뇌의 발달에 중요하며, 혈압을 정상상태로 유지하는 작용이 있는 등 기능이 매우 다양하다.

마른오징어를 고를 때는 살이 약간 검은 색을 띠고 표면에 뽀얀 가루가 핀 것이 좋다. 그대로 또는 살짝 불에 구워 먹어야 제맛이 난다. 마른오징어를 구울 때 나는 독특한 냄새는 타우린 때문이다.

칼슘 또한 오징어 100g당 32mg 정도 들어 있어 쇠고기의 약

제2장 K-푸드를 풍성하게 해주는 다양한 재료들

2배 정도이다. 칼슘은 뼈와 치아의 형성에 중요하므로 유아나 임신부에 꼭 필요한 것으로 알려져 있으며, 성년 특히 노년기에는 칼슘의 섭취가 꼭 필요한데, 우리 몸은 매일 새로운 뼈가 생성되고 기존의 뼈는 소멸하기 때문이다.

오징어에는 지방이 1% 정도 들어 있어서 쇠고기 14%, 돼지고기 16%에 비하면 월등히 낮다. 또 동맥에서 혈액이 응고되는 것을 방지해주어 뇌졸중, 동맥경화, 심장병 등을 예방해주고, 기억력을 향상해 주는 것으로 알려진 EPA나 DHA와 같은 오메가-3 지방산이 많이 들어 있다. 일반적으로 생선은 육류에 비해 콜레스테롤을 적게 함유하고 있어 고혈압 환자에게는 육류보다 생선이 좋은 것으로 알려져 있는데, 오징어는 어패류 중에서도 콜레스테롤 함량이 가장 많아서 100g당 100~300mg을 함유하고 있으므로 고혈압 환자는 삼가는 것이 좋다.

『본초강목』에는 오징어를 먹으면 정력이 좋아지고 여성에게는 빈혈이나 하혈 등에 좋다고 나와 있다. 오징어에 많이 들어 있는 셀레늄은 강력한 항산화 작용이 있어 항암 효과가 있으며, 남성의 정자 속에 상당량 들어 있다. 오징어가 만약 정력에 좋다면 이 셀레늄 때문이 아닐까 싶다.

제3장

K-푸드의
건강을 책임지는
발효음식

1
한국인의 슬로우푸드,
장류

    예전부터 집안에서 제일 중요하게 여긴 것 중 하나는 장류를
항아리에 넣어 보관하는 장독대였다. 간장이나 된장을 만들기 위해
서는 콩을 삶아 직사각형 모양의 메주를 빚어 잘 말린 후 띄워준다.
잘 씻은 항아리에 메주를 넣고 소금물을 부어 두세 달 동안 발효시
킨 다음 메주를 꺼내 된장을 만들고 거른 소금물은 1년 이상 숙성해
간장으로 만든다.

    우리나라의 전통 식품은 거의 모두 슬로우푸드이다. 콩으로
메주를 쑤어서 몇 달에 걸쳐 만든 후에 몇 년씩 묵히면서 먹는 간장,
된장, 고추장 등은 말할 것도 없고, 해산물을 발효시켜서 먹는 젓갈
이나 배추에 양념을 넣어서 오랫동안 발효시켜 먹는 김치, 긴 발효
과정을 거쳐서 만드는 술도 슬로우푸드라고 할 수 있다.

현대인의 바쁜 생활 속에서 슬로우푸드를 먹는다는 것은 어쩌면 번거로울 수도 있지만, 시간을 조금만 더 투자해서 따뜻한 밥을 하고, 된장찌개를 끓이고, 직접 담근 김치로 온 가족이 모여 식사를 한다면 골고루 영양을 섭취할 수 있고, 심리적으로도 안정되며, 식사하는 동안에 가족들 사이의 단절된 대화도 회복할 수 있다.

장류는 주원료인 콩이 재배되기 시작한 때와 유사한 시기부터 만들어 먹기 시작한 것으로 추정되며, 된장과 간장은 삼국시대에 처음 제조된 것으로 추정된다. 우리나라의 대표적인 장류는 간장, 된장, 고추장이며, 청국장도 많이 먹는다. 간장은 메주를 소금물에 담가 발효시킨 다음 메주를 건져낸 액이다.

콩을 이용한 간장, 된장, 고추장 등의 발효식품은 예로부터 전수되어 온 우리나라 맛을 상징하는 조미 식품이다. 콩은 단백질이 풍부하지만 자체는 맛이 별로 없고 고기와 같은 감칠맛도 없다. 따라서 콩을 고기처럼 감칠맛 나게 개발한 것이 장류이다. 장류는 비록 장시간의 발효, 숙성 과정으로 시간적·공간적 제약을 받고 있지만, 우리 고유의 K-푸드로서 가치를 지니고 있다.

이러한 장류에는 콩이 발효에 의해 분해되어 구수한 맛을 내는 글루탐산이라는 아미노산이 많이 들어 있으며 칼슘, 철분 등을 다량 함유하고 있다. 이처럼 우리 조상들은 콩을 날로 먹을 때 맛이 없고 소화율이 떨어진다는 점을 감안해서 장류를 만들어 밥상의 기본 조미료로 삼았다.

〜 감칠맛 나는 단백질 보충제, 된장

된장은 콩을 삶아 만든 메주를 소금물에 담가 발효시킨 후 간장물을 떠내고 남은 건더기를 항아리에 담아 숙성한 우리나라 고유의 식품으로써 단백질이 부족한 식생활에 매우 중요한 단백질 공급원 역할을 해왔다. 된장의 제조 방법이나 숙성시간 또는 사용되는 재료는 기후조건에 따라 약간씩 다르며, 지방마다 나름의 특색을 갖기도 한다. 가령, 시장에서 흔히 볼 수 있는 개량식 된장은 쌀이나 보리를 찐 후 곰팡이를 접종하여 배양한 다음, 삶은 콩에 넣고 소금을 추가하여 숙성한 것으로 재래식 된장과 구별되는 맛을 가진다.

메주에 소금물을 부어 침지 시킬 때 대추, 말린 붉은 고추, 달구어진 참숯을 함께 넣는데, 대추는 된장에 단맛을 주기 위한 것이고, 붉은 고추는 항균 작용을 하여 잡균을 제거하며, 참숯은 살균과 잡내를 제거하는 역할을 한다. 근래에는 발효식품인 된장이 고영양 식품일 뿐만 아니라 탁월한 항암 효과가 있다는 여러 연구 결과가 발표되면서 다양한 종류의 된장이 개발되고 있는 추세이다.

장류의 주성분인 콩은 만주와 우리나라가 원산지인 작물이다. 콩을 '밭에서 나는 고기'라고 하는데, 이는 콩에 단백질이 풍부하여 고기 대신 먹을 수 있다는 뜻에서 나온 말이다. 콩은 단백질이 무려 40% 정도 함유되어 있어서 농작물 중에서는 단백질이 가장 풍부한 작물 중 하나이다. 우리의 주식인 쌀에 6%의 단백질이 들어 있는 것에 비하면 엄청나게 많은 양이다. 삶은 콩 한 컵의 단백질 함량은 달걀 4개, 우유 3컵, 쇠고기 100g에 해당한다. 또한 콩에는 우리나라 사람들에게 부족하기 쉬운 라이신이라는 필수아미노산이 많이 들어 있을 뿐만 아니라, 값도 싸서 매우 중요한 단백질 공급원이 되어 왔다.

콩에는 지방도 20% 정도나 들어 있지만, 콩 속에 있는 지방은 혈액 속의 콜레스테롤 함량을 낮춰주는 불포화지방산이 많이 들어 있어 고혈압, 동맥경화증과 같은 성인병 예방에 좋다. 또한 신체의 성장 및 생리기능 조절에 필수적인 필수지방산을 다량 함유하고 있으며, 노화 방지 및 미용에 좋은 비타민 E의 주요한 공급원이다.

콩에는 비타민 B1, B2, B3 등이 다른 곡물보다 많이 들어 있으며, 무기질이 적절히 갖추어져 있어 칼슘, 칼륨과 철분의 공급원으로도 역시 중요하다. 콩 100g에는 칼슘이 70mg 들어 있고, 두부 100g에도 약 90mg의 칼슘이 들어 있어 우유와 맞먹는다. 칼륨은 콩 100g당 540mg 들어 있으며, 철분은 2.5mg 들어 있다.

〰 매콤달콤한 맛을 내는 고추장

고추장은 쌀가루에 고춧가루, 엿기름, 메줏가루, 소금 등을 섞어 만드는 발효식품으로써 고추의 매운맛, 소금의 짠맛, 물엿의 단맛이 조화를 이루는 기호식품이다. 고추장을 만들기 위해서는 우선 엿기름을 미지근한 물에 담가두었다가 주물러 고운 체에 거른다. 찹쌀

　　　　　제3장 K-푸드의 건강을 책임지는 발효음식

가루에 엿기름물을 넣고 미지근하게 데운 후 2시간 정도 삭혀 고춧가루, 메줏가루, 소금, 물엿을 넣고 잘 저어서 6개월 이상 발효시켜 만든다.

고추장의 주원료는 고춧가루이다. 초가을이 되면 농촌 여기저기에서 붉은 고추를 말리는 모습을 많이 볼 수 있다. 고추는 우리의 식생활에 빼놓을 수 없는 중요한 향신료로써 김치, 고추장 등에 쓰인다. 특히 매운 음식을 좋아하는 우리나라 사람들은 하루 평균 10g 정도의 고추를 소비하고 있다.

고추의 특색은 입속에서 타는 듯한 매운맛을 내는 데 있다. 고추가 빨갛게 익어감에 따라 캡사이신의 함량이 높아지고, 매운맛도 최고도에 달한다. 캡사이신 자체는 자극성이 강하고 심한 통증을 일으키며 오랫동안 복용하면 통적 자극에 대해 무감각해진다.

최근 미국 캘리포니아대학의 연구에 의하면 고추에 진통 성분이 함유되어 있어 이것이 지각신경으로 하여금 'P 물질'을 방출케 하여 무감각 상태를 일으킨다고 한다. 따라서 너무 많이 섭취하면 위장 장애를 일으키며 미각을 마비시켜 식품 본래의 맛을 느끼지 못하는 경우도 있다. 그러나 김치나 그 밖의 다른 요리에 적당량 사용하면 소화계통을 자극하여 식욕을 돋우고 소화액의 분비를 촉진시켜 소화를 돕는다. 캡사이신은 진통성분도 있어서 의학적으로 두드러기, 마른버짐, 관절염 등의 치료에 사용되기도 하고, 면역기능을 증진시키고, 항암 작용이 있는 것으로 알려져 있다.

서양의 '사우어크라우트'는 양배추를 소금에 절여 놓은 것에
불과하지만, 한국의 김치는 고추를 사용함으로써 담백한 맛에서 벗
어나 보다 복합적인 맛을 지니고 있다. 또한 젓갈류로 인한 비린내와
배추가 물러지거나 산패되기 쉬운 문제를 고춧가루로 해결하여 겨
울을 넘긴 김치도 날채소를 씹는 듯 사각사각한 식감과 신선한 맛을
유지해 준다. 이것은 고추의 매운맛 성분인 캡사이신에 항산화 작용
이 있고, 또 다른 항산화제인 비타민 C와 E도 천연 방부제의 역할을
하고 있기 때문이다.

　　고추에는 비타민 C도 풍부하다. 마른 고추 100g당 200mg
정도를 함유하고 있고, 풋고추는 100g당 64mg을 함유하고 있어 하
루 필요 비타민 C를 충분히 공급할 수 있다. 그뿐만 아니라 비타민
B1, B2, E도 풍부하므로 우리가 즐겨 먹는 풋고추는 다른 채소에 비
해서도 건강식품이라 할 수 있다. 비타민 E는 혈액 속 LDL-콜레스테
롤의 함량을 낮춰주고, 관상동맥질환과 암을 예방하며 면역증강 효
과를 나타낸다.

〜 혈전용해 작용이 있는 청국장

　　청국장은 특유의 구수한 맛과 향기를 지닌 우리 고유의 발효
식품이다. 일본에는 청국장과 비슷한 맛을 내는 낫토가 있다. 서양
사람들은 지독한 청국장의 냄새를 당연히 싫어하지만, 서양의 발효

　　　　　　제3장 K-푸드의 건강을 책임지는 발효음식

식품인 치즈도 냄새가 이상한 것은 마찬가지이다. 흔히 입맛에 맞으면 발효되었다고 하고, 입맛에 안 맞으면 부패라고 한다. 우리에게 청국장은 맛이 있고, 짧은 기일에 만들 수 있으면서 그 풍미가 특이하고, 영양적으로나 경제적으로 가장 효과적으로 콩을 먹을 수 있는 발효식품이다.

청국장은 파, 마늘, 고춧가루, 소금을 넣은 다음 숙성해서 저장성을 갖게 한 점에서 낫토와 다르다. 우리는 청국장을 끓여 먹지만, 일본에서는 낫토에 간장이나 달걀을 넣어 저어서 그대로 먹는다. 청국장과 낫토는 먹는 방법이 다르지만, 세균의 일종인 고초균을 이용하여 제조한 발효식품이라는 점에서는 서로 비슷하다.

청국장은 식물성 단백질과 불포화지방산을 많이 함유하고 있고, 소화율이 높기 때문에 자주 먹으면 몸에 좋을 뿐만 아니라 여러 가지 질병에 대한 효과가 있다. 청국장은 혈압 상승을 막아주는 효과가 있는데, 혈압 상승 방지에 직접 관계가 있는 물질은 콩의 단백질이 분해되어 생긴 펩타이드이다. 또한 콩 지방산의 많은 부분을 차지하고 있는 불포화지방산인 리놀레산은 콜레스테롤이 혈관에 끼는 것을 막아주는 효과가 있어 동맥경화 예방에 효과가 있다.

최근 식생활이 서구화되어 심혈관계 질환으로 인한 사망률이 늘어가고 있다. 혈액이 응고되어 혈관을 막히게 하거나 혈액 덩어리가 혈관을 떠다니다가 뇌혈관에 혈전이 생성되면 뇌혈전증이 되고 뇌혈관이 파괴되면 뇌출혈이 된다. 또한, 혈전으로 인하여 심장혈관이 막히면 심부전증이나 심장마비를 일으킨다.

청국장을 띄우면 끈적끈적한 물질이 생기는데 이 끈적끈적한 물질 속에 혈전을 용해할 수 있는 효소가 다량 함유되어 있다. 낫토도 혈전용해능을 지닌 제품으로 알려져 건강식품으로 많이 판매되고 있다. 청국장 발효과정 중 낫토균이 분비하는 효소인 낫토키나아제가 혈전을 용해할 수 있다.

그 밖의 효능으로는 노화 방지, 당뇨병 예방, 콜레스테롤 조절, 정장 작용, 혈압 조절, 빈혈 예방, 항암 효과 등이 알려져 있다. 청국장의 발효균인 고초균은 장내 부패균의 활동을 약화하고, 병원균에 대한 항균 작용이 인정되고 있다. 인체에 해로운 균의 활동을 억제함으로써 부패균이 만든 발암 물질이나 암모니아, 인돌, 아민 등 발암 촉진 물질을 감소시키고 이들 유해 물질을 흡착·배설하는 작용을 한다.

2
K-푸드의 대표적인
건강식품, 김치류

서양인들은 주로 샐러드의 형태로 채소를 먹어왔지만, 우리 나라 사람들은 김치와 같은 절임 식품 형태로 채소를 많이 먹어왔다. 물론 다른 나라에도 우리의 김치에 해당하는 채소 절임 식품이 있다. 고춧가루를 첨가하지 않고 발효시킨 독일의 '사우어크라우트', 중국의 '파오차이', 일본의 '츠케모노' 등이 그것이다. 하지만 이들은 단순하게 채소를 절인 것으로써 우리의 김치와는 전혀 다른 음식이다.

서양 사람들이 흔히 말하는 영혼이 담긴 음식, '소울푸드(soul food)'는 '먹으면 힘이 나는 음식'이란 뜻으로 마음에 위안과 여유를 주는 음식, 생각만 해도 마음이 푸근해지는 음식을 말한다. 그런 면에서 김치야말로 우리나라의 기후와 토양에서 자란 배추, 고춧가루, 마늘, 파와 같은 재료에 우리 어머니들의 손맛이 가미되어 만들어진 우리의 소울푸드라고 할 수 있다.

〜 조화를 이루는 맛, 배추김치

배추와 같은 채소류에 새우젓, 멸치젓 등을 혼합하여 발효시킨 김치는 밥을 주식으로 하는 우리 몸에 필요한 비타민, 무기질, 섬유소, 아미노산 등을 보충해 주는 우수한 식품이다. 배추도 다른 채소처럼 95% 정도의 수분을 함유하고 있어서 탄수화물, 지방, 단백질 등의 영양성분은 낮지만, 새우젓, 멸치젓 등을 섞어 발효시킨 김치는 겨울철에 섭취하기 어려운 필수아미노산 및 지방질을 쉽게 보충하게 해준다.

김치에 첨가되는 굴은 칼슘, 철분, 아연 등 무기질이 풍부하여 식물성 식품에서 부족하기 쉬운 영양소를 보충해 준다. 젓갈이 들어간 김치는 아미노산 덕분에 훨씬 진한 감칠맛을 가진다. 젓갈을 사용한 김치가 이전에 비해 영양분이 더 많아졌다는 점에서는 좋으나, 한편으로는 비릿함이 문제점으로 남는다. 이때 매운맛을 내는 고춧가루와 생강을 첨가하면 젓갈의 비릿함은 사라진다.

생강은 자기만의 독특한 매운맛과 향을 내지만, 일단 김치에 배추, 마늘, 파 등과 함께 들어가면 자기 맛을 죽이고 다른 양념들과 화합해서 전혀 새로운 맛과 향을 보인다. 김치에 새우젓이나 멸치젓과 같은 젓갈류를 많이 사용하는데도 젓갈 냄새가 적은 이유는 생강

제3장 K-푸드의 건강을 책임지는 발효음식

이 젓갈의 비린 냄새를 없애주기 때문이다. 율곡 이이는 제자들에게 "화합할 줄 알며 자기 색을 잃지 않는 생강이 되어라"라고 당부했다고 한다. 김치를 먹다가 간혹 생강이 씹혀도 다른 양념과 조화를 이루기 위해 매운맛을 잃어버린 탓인지 그리 싫지만은 않다.

젓갈은 숙성 기간 중에 자체에 있는 자가분해효소와 미생물이 발효하면서 특유의 감칠맛이 생긴다. 작은 생선이나 새우는 숙성 중에 분해되어 칼슘의 좋은 공급원이 되기도 한다. 젓갈은 김치의 숙성을 촉진하는 작용을 하는 한편, 유리아미노산이 생겨 김치의 맛을 향상하고 필수 아미노산의 함량을 높여준다.

김치에는 보통 200가지가 넘는 미생물이 들어 있어 인체에 필요한 각종 아미노산과 비타민을 만들어 내는데, 특히 독특한 맛과 향기를 내는 유산균이 풍부하다. 유산균이 풍부한 음식을 먹으면 창자 속에서 유해한 물질을 만들어 내는 잡균 등을 견제할 수 있기 때문에 장수한다고 알려져 있다.

김치가 발효되면서 생기는 유산균은 유기산을 생산하여 새콤한 맛을 낼 뿐만 아니라 해로운 세균의 작용을 억제하여 장 속 다른 병원균이 자라는 것을 막아준다. 또한 유산균은 심장병의 유발과 관련이 있는 콜레스테롤 농도를 감소시키며, 소화과정에서 생긴 유해물질의 독성을 약화해 암 발생을 억제하는 데 기여한다.

배추에는 식이섬유가 많아 대장암을 예방해 주고, 마늘은 위암을 예방해 주며, 마늘에 들어 있는 알리신은 비타민 B1의 흡수를 촉진한다. 배추나 양념에 상당량 함유되어 있는 베타카로틴은 신체 내에서 비타민 A로 작용한다.

　　김치에 대한 연구가 진행되면 될수록 좋은 식품이라는 사실이 밝혀지고 있으며, 전 세계적으로도 우수한 K-푸드로서 자리를 잡아가고 있다. 더구나 코로나19 감염에 따른 건강 지향적 소비자들이 늘어남에 따라 한국의 대표적인 건강식품인 김치에 대한 관심과 수요가 꾸준히 늘고 있다.

〜 한국인의 천연 소화제, 동치미

　　무는 배추와 함께 우리나라의 2대 채소 중 하나로 김치와 깍두기, 동치미를 만드는 데 주로 이용된다. 특히 동치미는 무 자체의 독특한 맛과 양념의 첨가로 인해 감칠맛과 상쾌한 맛을 내어 겨울철에 먹는 별미이자 천연 소화제이다.

　　동치미의 재료인 무는 중국이 원산지이다. 이후 중앙아시아로 전파되었고, 이집트에서 피라미드를 건축할 때도 먹었다는 기록이 있다. 서양에도 무가 있지만 서양의 무는 빨간색의 둥글고, 조그만 모양의 무를 말한다. 우리가 먹는 무는 서양 사람들은 거의 먹지 않으며, '데이콘'이라 부른다. 무의 이용 방법도 나라에 따라 다르다. 이집트 등 아랍 사람들은 잎줄기를 주로 이용하고 한국, 중국, 일본 등 동북아시아 지방의 사람들은 뿌리인 무를 즐겨 먹는다. 우리나라에서는 무를 김장할 때 사용할 뿐만 아니라 깍두기나 단무지로도 만든다.

무의 영양성분을 살펴보면 다른 채소와 마찬가지로 대부분 수분이며 탄수화물, 지방, 단백질 등의 다른 영양성분은 아주 적은 편이다. 무가 단맛을 내는 까닭은 포도당과 설탕을 함유하고 있기 때문이며, 매운맛은 무 속에 포함된 유황 화합물 때문이다. 이 유황 화합물의 존재가 무의 맛을 내는 요인 중 하나이며, 무를 먹고 트림을 했을 때 나는 냄새도 이 유황 화합물 때문이다.

무 100g에는 비타민 C가 15mg 들어 있어 겨울철 비타민 C의 공급원이 되어준다. 김치를 담글 때 무청은 모두 잘라버리고 무만 이용하는 경향이 있는데, 무청(생것) 100g에는 비타민 A가 0.4mg 들어 있으며, 비타민 C는 70mg이 들어 있다. 또한, 무 잎 100g에는 칼슘이 329mg이 들어 있어 채소 중에서도 칼슘이 많다는 시금치의 5배에 달한다.

무는 고등어나 꽁치조림에도 빠지지 않는 재료인데, 이는 아이소사이안산이라는 매운맛 성분이 비린내를 없애주기 때문이다. 그 밖에도 밥에 넣어 먹거나 무찜, 무조림, 장아찌 등에도 다양하게 이용된다.

〜〜 몸을 따뜻하게 해주는 부추김치

부추는 달래과에 속하는 여러해살이풀로 중국이 원산지이며, 주로 한국, 중국, 일본의 들에서 자생하는 식물이다. 부추는 원래 야산이나 들에서 자라는 야생식물로 한번 뿌리를 내리면 쉽사리 죽지 않아 어느 곳에서나 쉽게 발견할 수 있다.

부추 100g에는 비타민 A가 0.5mg, 비타민 C가 37mg 정도 들어 있으며, 철분이 2.9mg이나 있어 빈혈을 예방하는 데도 좋다. 또 쌀밥을 주식으로 하는 우리나라 사람들에게 부족하기 쉬운 비타민 B1, B2가 풍부하게 들어 있다.

예부터 부추는 몸을 따뜻하게 해준다고 전해지는데, 『본초강목』에도 온신고정(溫腎固精)의 효과가 있다고 기록되어 있다. 이는 유황 아릴 화합물이 자율신경을 자극하여 에너지 대사를 높여주기 때문이다. 부추의 유황 아릴 화합물 덕에 강장 작용이 있고, 설사나 복통에 효과가 있으며, 정력에 좋다 하여 절에서는 금기시하고 있다.

부추는 생으로 쌈을 싸서 먹기도 하고, 살짝 데쳐서 무쳐 먹기도 하며, 튀김이나 볶음으로 먹을 수도 있다. 또 오이소박이김치나 부추김치로 담가 먹는다. 부추김치 담그는 법은 다음과 같다. 먼저, 부추 한 단을 깨끗이 씻어 물기를 빼고 반으로 자른다. 멸치액젓 1/3컵에 고춧가루 3 큰 술, 마늘 3쪽과 생강 1쪽을 다져 넣어 양념을 만든다. 부추에 양념을 넣고 버무린 다음 깨를 뿌리고 소금을 넣어 간을 맞춘다.

〜 밥상 위의 보약, 마늘장아찌

　　마늘은 우리나라의 요리에 없어서는 안 되는 중요한 향신료로 사랑을 받아왔다. 단군신화를 비롯하여 삼국유사와 삼국사기에도 기록되어 있는 것으로 보아 재배 역사가 매우 오래된 것을 알 수 있다. 마늘은 요리할 때 사용하는 양념일 뿐만 아니라 의약용으로도 오래 전부터 사용해 왔다. 마늘의 항생 물질이 발견되기 전에도 미생물의 성장을 저해하는 항균제로 널리 사용되어 왔는데, 마늘의 알리신 성분에 강한 살균, 항균 작용이 있기 때문이다. 한 일화로 제1차 세계대전 중 영국군이 수천 톤의 마늘로 즙을 내어 부상자들을 치료하고 수천 명의 생명을 구했다는 이야기가 있다.

　　마늘은 항산화 작용이 있는 플라보노이드를 많이 함유하여 기억력과 기억 보존력 향상에 도움을 주면서 인지력 저하 가능성을 낮춰주는 것으로 알려져 있다. 그러나 모든 사람이 마늘을 잘 먹을 수 있는 것은 아니다. 많은 사람들이 생마늘을 많이 먹으면 입, 식도, 위가 쓰라린 증상을 느낀다. 만약 속이 자주 쓰리거나 위나 식도역류 질환으로 고생하고 있다면 섭취에 조심하는 것이 좋다. 마늘의 독특한 향기 성분인 알리신은 가열하면 분해되어 냄새가 적어지므로 마늘 냄새가 싫은 사람은 익혀 먹는 게 좋다.

　　우리나라 전통 식품인 장아찌는 깻잎, 마늘, 풋고추, 더덕, 오이, 무, 쪽파 등의 채소류를 간장이나 식초에 담가 만든다. 마늘, 가지, 오이 등의 채소를 먹었던 사실은 여러 문헌을 통해서도 확인할 수 있다. 이러한 채소 절임류가 통일신라를 거쳐 고려에 이르는 동안 절임류와 김치류로 발달했으며, 조선시대에 이르러 소금과 식초에 절인 것, 장에 절인 것으로 분화되어 이어져 왔다.

생마늘의 매운맛이 너무 강하여 위점막 손상 등 위장 장애 증상이 우려된다면 마늘장아찌로 만들어 먹어도 좋다. 마늘장아찌는 소금물에 삭혔다가 식초 물을 부어서 만드는 흰색의 마늘장아찌가 있고, 소금물에 삭히는 대신 심심한 촛물에 4일 정도 담가서 아린 맛을 뺀 뒤 건져서 물기를 없애고 끓인 간장을 부어서 검게 만드는 마늘장아찌가 있다.

생마늘에 비해 매운맛이 약화된 마늘장아찌는 한국 고유의 전통음식으로 애용되고 있으며, 또한 다량 섭취가 가능한 저장식품이다. 마늘장아찌는 독특한 맛과 향기를 지닌 전통 식품으로 우리 식탁에서 중요한 부식 역할을 하고 있다.

예전에 서양 사람들은 지독한 냄새 때문에 마늘을 많이 먹지 않았으나 마늘의 항균성, 항암성, 심장질환 예방효과 등이 알려지면서 미국에서도 마늘 소비량이 지난 40년 동안 4배로 증가하여 1인당 연간 소비량이 1kg에 이르고 있다. 우리나라 사람들의 마늘 연간 소비량 6.2kg에 비하면 여전히 적은 양이지만, 현재 미국에서는 매년 20만 톤의 마늘을 생산하고 있으며, 세계에서 마늘을 가장 많이 수입하는 나라가 되었다.

～ 잃어버린 입맛을 되살려주는 양파장아찌

양파의 원산지는 아시아이다. 이집트에서도 피라미드를 만들 때 일꾼들에게 양파를 먹였다는 기록이 있으며, 미국 남북전쟁 때 그 란트 장군은 양파를 여름철에 유행하는 이질이나 다른 질병을 치료 하는 데 없어서는 안 될 필수품으로 생각해서 양파 없이는 한 발자 국도 움직일 수 없다는 전보를 계속 보내 결국 열차 3대분의 양파를 받고서야 움직였다는 일화가 있다. 전쟁을 승리로 이끈 그란트 장군 은 나중에 미국의 18대 대통령이 되었다. 이처럼 양파는 살균력이 강해 오랫동안 민간요법에 사용되어 왔다.

양파는 우리나라에서도 대중적으로 쓰이는 향신료로서 특유 의 맛과 향기를 지니며, 식품의 조리 및 가공에 중요한 향신 조미료 소재로 오래 전부터 널리 이용되어 왔다. 양파는 중국에서는 후충, 일본에서는 다마네기로 불리며, 우리나라에서는 일본식으로 옥파 또 는 모양에 따라 둥근파로 불리다가 서양에서 들어온 파라는 뜻으로 양파라고 호칭하고 있다.

양파는 비타민 B1의 흡수를 도와주는 것으로 알려져 있다. 비 타민 B1은 당질의 대사에 필요한 비타민이다. 양파의 매운맛 성분인 알린이 효소의 작용에 의해서 알리신으로 변하고, 이 알리신이 비타 민 B1의 흡수를 도와준다. 양파에는 퀘르세틴 이외에도 아이소사이 안산염, 유황 화합물, 셀레늄, 식이섬유, 비타민 C, E 등이 들어 있다. 특히 아이소사이안산염은 최근 항암성분으로 주목을 받고 있는데,

유황 화합물과 마찬가지로 양파의 매운맛과 냄새의 원인이 되는 물질이다.

프랑스 속담에 '인생은 눈물을 흘리면서 양파 껍질을 벗기는 것과 같다'라는 말이 있을 정도로 양파 껍질을 벗기면 매운 휘발성 성분이 나와서 눈이나 코의 점막을 자극하여 눈물이 나게 된다. 이 휘발성 물질이 바로 우리 몸에 좋다는 유황 화합물이다. 양파를 썰 때 눈물이 나오지 않게 하는 방법은 없을까? 양파를 한 시간 전에 냉장고에 넣었다가 썰면 온도가 내려가 황화물에 있는 분자가 천천히 공기 중으로 나오기 때문에 덜 매울 수 있다.

양파는 생으로만 먹기에는 한계가 있다. 다행히 양파는 요리에 넣어 먹거나 익혀 먹어도 효능에 큰 차이가 없다. 양파를 가열하면 황화알린의 일부가 분해되어 감미가 강한 물질로 변하기 때문에 요리하면 단맛이 나게 된다. 족발이나 고기를 삶아 국물을 낼 때 양파를 쓰면 고기의 누린내를 없애줄 뿐만 아니라 달콤한 맛까지 내게 되어 여러 가지 요리에 양파가 많이 사용되고 있다.

양파장아찌는 삼복더위나 장마철에 대비하여 예전부터 짭짤하게 담아 시거나 상하지 않게 했던 일종의 저장식품으로 우리의 밥상을 풍성하게 해주는 대표적인 음식이다. 채소를 소금이나 간장에 절여 묵혀서 오래 두고 언제나 손쉽게 내어 먹을 수 있고, 입맛을 돋우기 때문에 그 기호도가 높다. 저장을 위해 일부러 짭짤하게 간을 한 것이 오히려 잃었던 입맛을 되살려 주는 밑반찬이다.

3
한국인의 건강음료, 막걸리

    우리의 식생활에서 빼놓을 수 없는 한 가지가 바로 술이다. 우리나라의 연간 술 소비량은 성인 1인당 맥주 105병, 소주 68병 정도이다. 술을 전혀 안 마시는 사람들을 감안하면 술을 자주 마시는 사람들은 이 숫자의 2배 정도를 마신다고 볼 수 있으니, 1인당 연간 맥주 200병, 소주 140병을 마신다는 계산이 나온다. 결국 술을 마시는 사람들은 평균적으로 매일 맥주나 소주를 한 병씩 마신다는 이야기이다.

    예로부터 '술은 적당히 마시면 약 중에서도 가장 좋은 약이 되지만, 지나치게 마시면 독약 중에서도 가장 무서운 독약'이라고 했다. 과다한 알코올 섭취는 여러 종류의 암뿐만 아니라 심장병, 고혈압 등의 만성질환, 간질환, 소화기계 질환, 치매와 같은 기억장애 등 다양한 질환을 유발할 수 있다.

하지만 적당히 마시면 긍정적인 측면도 있다. 현대인은 주로 스트레스 해소 또는 사교모임을 위해서 술을 마신다. 또한 적당량 마시면 소화 기능을 촉진해 음식물의 섭취를 돕는 기능이 있고, 위액의 분비를 촉진해 식욕을 증진한다. 신경을 진정시키고 수면을 촉진하고, 신진대사 및 호르몬 작용에 의한 미용 효과도 있다.

우리나라의 술 중에서도 막걸리는 건강음료라고 할 수 있다. 전통적 토속주인 막걸리는 우리의 주식인 쌀밥을 발효시킨 술로서 거칠게 걸러서 혼탁한 상태여서 탁주라고 부르며, 막 걸렀다고 하여 막걸리라고도 부른다. 삶에 지친 서민들이 시원하게 들이키고서 삶의 고단함을 싹 씻어버리는 술이다. 막걸리에는 딱히 안주가 필요 없다. 굳이 격식을 갖춰 마시자면 빈대떡이나 손두부에 김치가 제격이지만, 그마저 없을 때는 된장에 풋고추만 찍어 먹어도 그만이다. 쌀 뜨물같이 흰빛을 띠는 막걸리를 사발에 철철 넘치게 부어 단숨에 마시면 제맛을 느낄 수 있다.

막걸리 제조에는 동양에서만 사용하는 독특한 물질인 누룩을 사용한다. 누룩은 밀을 거칠게 부숴 물과 반죽해서 곰팡이를 번식시킨 것으로 막걸리의 독특한 맛을 낸다. 막걸리는 다른 술과 비교할 수 없을 정도로 식이섬유, 아미노산, 유기산 등 다양한 영양소를 많이 함유하고 있다.

막걸리는 쌀, 누룩, 효모, 물로 빚어진다. 술을 빚기 위해서는

제3장 K-푸드의 건강을 책임지는 발효음식

먼저 고두밥(술밥)을 지어야 한다. 고두밥은 일반적인 진밥보다 수분이 상당히 적도록 지어서 고들고들한 밥이다. 일반 진밥으로도 막걸리를 빚을 수 있으나 발효가 너무 빨리 진행되어 맛있는 막걸리를 만들기 어렵다. 항아리에 미리 빻아 놓은 누룩과 효모를 넣고 물을 붓는다. 고두밥을 식혀서 항아리에 담는다. 항아리를 25℃ 전후의 따뜻한 곳에 놓아두면 발효가 시작된다. 발효 속도는 쌀과 누룩의 비율, 효모의 사용량, 온도 등에 따라 결정된다. 빠르게는 4~5일, 더디게는 7~8일 만에 발효가 끝난다.

발효가 다 끝날 즈음 되면 술 항아리의 윗부분에 맑은 술이 떠오른다. 이를 떠내면 약주가 되는데, 약주를 떠내고 난 뒤 가라앉아 있는 술지게미에 물을 부어 하루쯤 재웠다가 체에 거르면 막걸리가 완성된다. 약주를 떠내지 않고 처음부터 술지게미까지 휘휘 저은 다음 체에 걸러 내리는 경우도 있다. 가정에서는 굳이 물을 섞을 필요 없다. 물을 섞지 않은 술을 전주, 모주 또는 진땡이술이라고 부른다.

막걸리에는 유산균이 ml당 수백만에서 1억 마리 정도 들어 있다. 유산균은 항암, 항균, 정장 작용이 있다. 막걸리의 종류에 따라 유산균 수가 크게 차이 나지만, 대다수의 막걸리는 유익한 효모와 유산균이 많이 들어 있는 건강음료라고 할 수 있다.

〜 강원도의 옥수수막걸리

우리나라에는 각 지역을 대표하는 특색있는 막걸리가 많이 있다. 강원도에는 크고 작은 산이 많다 보니 쌀보다는 옥수수, 감자, 메밀, 조, 더덕과 같은 구황작물, 송이 등이 풍부하다. 강원도에서는 이러한 특산물을 이용해 막걸리를 빚는다. 옥수수막걸리나 메밀막걸리는 쌀막걸리보다 약간 텁텁한 맛이 난다. 하지만 강원도의 향토 음식인 메밀묵, 감자전, 도토리묵, 산나물 등 향이 진한 안주가 막걸리의 맛과 멋을 돋우어 준다.

〈아리랑〉의 고장 정선읍에서 약 18km 떨어진 곳에 아우라지강이 있다. 구절리 방향에서 흘러내리는 송천과 임계면 방향에서 흘러내리는 골지천, 두 개의 강이 이 지점에서 어우러진다고 하여 아우라지강이라 부른다.

아우라지역 앞에는 옥수수를 이용하여 막걸리를 만드는 양조장이 있다. 이 작은 양조장에서는 밀가루에 옥수숫가루를 섞어 막걸리를 만든다. 강원도 산골짜기에서는 예로부터 옥수수를 많이 재배했다. 먹을거리가 귀하던 시절에는 옥수수로 끼니를 때우며 겨울을 났는데, 강원도에서도 첩첩산중인 정선에서는 귀한 쌀 대신 옥수수를 이용해 막걸리를 빚어 마셔왔다.

막걸리는 살균하면 알코올을 제외한 맛과 향이 죄다 사라지기 때문에 막걸리 본래의 맛을 느낄 수 없다. 아우라지 옥수수막걸리는 살균하지 않은 생막걸리이다. 옥수수가 들어갔기 때문인지 노르

제3장 K-푸드의 건강을 책임지는 발효음식

스름하지만 산뜻하고 깔끔한 맛을 가지고 있다. 정선읍에서는 2일과 7일에 5일장이 선다. 요즘에는 서울에서 정선읍까지 관광열차가 오가므로 한 번쯤 가봄직하다. 정선 재래시장 안의 먹자골목에는 관광객이 모여 막걸리를 마시는 광경을 볼 수 있다. 메밀부침, 메밀전병, 서둘러 후루룩후루룩 먹다 보면 그 면발이 콧등을 때린다고 하여 이름 붙여진 콧등치기는 막걸리와 궁합이 좋다.

옥수수는 탄수화물이 약 70%를 차지한다. 황색종 옥수수에는 비타민 A인 베타카로틴이 많이 들어 있어 항암 작용을 한다. 옥수수의 씨눈에는 신경조직에 필요한 레시틴이라는 물질이 1.5% 정도 들어 있고, 올레산, 리놀레산 등의 불포화지방산이 풍부하며, 비타민 E가 100g당 100mg 정도 들어 있어 피부의 노화를 막아주고 저항력을 높여주는 역할을 한다. 특히 베타카로틴과 비타민 E를 함께 섭취하면 베타카로틴의 산화를 방지하므로 효과를 오랫동안 지속시킬 수 있어 항암 효과가 증대된다.

〰 부산의 금정산성막걸리

경상도는 산과 평야, 바다가 잘 어우러진 고장으로 북쪽 지역은 산으로 둘러싸여 있다. 경상도 막걸리는 아무것도 첨가하지 않고 밀가루와 쌀로 빚은 것이 대부분이다. 영양 양조장은 우리나라에서 가장 오래된 양조장 중 하나로, 산으로 둘러싸인 고즈넉한 곳에서 선

조들의 옛 막걸리 맛을 지켜내고 있다. 부산 금정산성의 금정산성토
산주에서는 400년 동안 김해평야에서 생산된 쌀과 산성에서 제조한
누룩만을 사용하여 전통을 이어가고 있다.

부산시 동래에서 굽이굽이 산길을 올라가 해발 400m 고지에
자리 잡은 산성마을은 자연환경이 깨끗하고 산성의 성벽, 문 등 많은
유물이 남아 있어 등산객이 즐겨 찾는 곳이다. 이곳의 금정산성토산
주는 1980년 주민 144명이 5만 원씩 투자하여 설립한 양조장으로
서 여전히 천연 누룩과 전통 제조 기술을 활용하여 술을 빚고 있다.

막걸리 제조의 비법은 어떤 누룩을 쓰느냐에 달려 있다. 금정
산성토산주에서는 집에서 직접 밀을 갈아 만든 누룩을 사용한다. 산
성마을이 고지에 있다 보니 평지 마을보다 기온이 섭씨 4℃ 정도 낮
아서 자연히 저온 발효가 이루어진다. 발효가 고온에서 일어나면 알
코올 이외의 물질이 발생하여 술맛이 떨어지기 마련이다. 저온에서
는 발효가 천천히 일어나 잡냄새가 덜하며 향이 은은하고 맛이 깊다.

〈금정산성막걸리〉의 역사는 조선 숙종 때로 거슬러 올라간다.
왜구의 침입을 막기 위해 산성을 쌓으면서 누룩을 띄워 술을 담가
마셨는데, 그 후로도 그 후 산성 주위에 살던 화전민들이 생계를 유
지하기 위해 누룩을 만들고 술을 빚어왔다. 지금도 금정산성 마을 여
기저기에 직접 만든 누룩을 판매한다는 간판이 보인다.

현재 우리나라 대부분의 막걸리 제조장에서는 전통 밀 누룩
을 사용하지 않는다. 찐 밀가루에 종국 즉, 백국균을 뿌려 만든 입국

에 찐 밀가루나 쌀가루와 물을 섞고 조효소나 효모 등을 첨가하여 술을 빚는다. 금정산성토산주처럼 조효소나 효모 등을 전혀 사용하지 않고 누룩을 직접 만들어 고두밥과 누룩만 사용하여 술을 빚는 곳은 흔치 않다. 대부분의 막걸리 양조장에서 전통적인 방식인 밀 누룩의 사용을 포기하고 비교적 만들기 쉬운 입국을 사용하는 시점에서 금정산성토산주처럼 전통적인 제조 방법으로 막걸리를 제조하여 우리 술을 지킨다는 것은 매우 보람찬 일이라는 생각이 든다. 금정산성막걸리를 마셔보니 그동안 마셔본 막걸리 중 단연 최고의 맛이었다.

〜 울릉도의 호박막걸리

울릉도 하면 떠오르는 먹을거리가 많다. 오징어를 필두로 한 어패류는 물론이고, 산에서 나는 푸성귀 역시 범상치 않은 맛이지만, 입에서 가장 먼저 맴도는 것은 단연 호박엿이 아닐까 싶다. 그런데 호박엿뿐만 아니라 〈호박막걸리〉도 별미이다. 호박은 섬뿐 아니라 육지에서도 먹을거리가 부족할 때 즐겨 먹은 구황작물이다.

뭍에서 멀찍이 떨어져 있기에 먹을 것이 귀했던 울릉도. 구황작물로 귀한 대접을 받던 호박은 지금까지도 울릉도의 대표 식재료로 사랑받고 있다. 도란도란 둘러앉아 홀짝이는 호박막걸리 맛은 기대 이상이다. 일단 쓴맛이 전혀 없고 뒷맛이 깔끔하다. 달콤한 호박

고유의 맛이 강하지만 단맛의 농도를 적절하게 조절해 호박주스라도 마시는 느낌이다.

한방에서는 '호박은 맛이 달며, 독이 없고, 오장을 편하게 하며, 산후 진통을 낫게 하고, 눈을 밝게 한다'고 알려져 있다. 호박은 이뇨 작용이 있기 때문에 몸이 잘 붓는 사람이 먹으면 부종을 낫게 하고 배설을 촉진하는 역할을 한다. 예로부터 아기를 낳고 나서 몸이 부었을 때 먹으면 부기가 쉽게 빠진다고 해서 산후조리에 호박을 먹어왔다. 또한, 식이섬유가 많이 들어 있어 포만감을 주고 칼로리가 적을 뿐만 아니라 배설을 촉진하여 다이어트에도 좋다.

호박에는 비타민 A와 비타민 E가 풍부하여 암 예방에 좋다. 비타민 A가 부족하면 피부가 건조하고 거칠어지고 날씨가 추워지면 쉽게 트게 된다. 따라서 겨울철에 부드럽고 탄력 있는 피부를 유지하기 위해서는 충분한 비타민 A의 섭취가 필요하다. 비타민 E 또한 피부의 노화를 방지해 주는 역할을 하여 고운 피부를 만들어 준다.

～ 충남의 밤막걸리

충청도를 양반의 고장이라 했던가? 문(文)의 뼈대를 바탕으로 농업과 어업이 발달한 충청도. 그 곁을 감싸안은 서해는 빼어난 경관과 풍부한 어장을 자랑한다. 진천의 쌀, 금산과 풍기의 인삼, 공주의 밤은 어느새 이곳의 명물이 되었다. 충청도에는 별스럽거나 유명

제3장 K-푸드의 건강을 책임지는 발효음식

세를 탄 음식은 없지만, 자연 그대로의 맛이 흐르는 음식은 소박하며 정겹고 기품이 어려 있다. 단양의 대강양조장, 진천의 세왕주조, 당진의 신평양조장 등은 3대째 막걸리를 빚어온 뼈대 있는 막걸리 명가이다.

삼국시대의 역사와 당대의 문화가 살아 숨 쉬는 도시 공주는 백제가 475년 도읍을 한성에서 옮겨 와 538년에 다시 사비 즉, 부여로 옮길 때까지 64년 동안 다섯 왕을 모신 백제의 도읍이었다. 1971년 무령왕릉에서 수많은 유물이 출토된 바 있는 이곳은 그 문화재적 가치만으로도 꼭 한 번 둘러볼 만한 도시이다.

공주 시내에서 20km 정도 떨어진 곳에는 천년고찰 마곡사가 있다. 마곡사 일대는 전국적으로 명성이 자자한 공주 밤이 다량 생산되는 지역이다. 그래서 마곡사 입구에 자리한 양조장도 알밤막걸리를 주로 생산한다. 〈밤막걸리〉는 유난히 걸쭉하면서도 맛이 깔끔하고 구수하다. 밀가루와 알밤이 들어가 걸쭉한 맛을 내지 않을까 싶다.

옛말에 '밤 세 톨을 먹으면 보약이 따로 없다'는 말이 있다. 밤에는 탄수화물, 단백질, 지방, 무기질, 비타민 등의 5대 영양소가 균형 있게 들어 있어 건강에 좋은 식품이다. 특히 비타민 A, B1, B2, B3, C가 풍부하여 아이들의 성장에 좋다. 비타민 B1은 쌀의 4배, 비타민 C는 나무 열매 중에서는 가장 많이 들어 있어 피부 미용에도 좋을 뿐만 아니라 겨울철 감기 예방에도 좋다.

밤은 예로부터 소화가 잘되고, 성질이 따뜻하여 기를 도와주고 위장과 신장을 튼튼하게 해주어 허약체질에 이용되어 왔으며, 소화가 잘되어 병후 회복이나 소화 기능 강화식으로 이용되어 왔다.

〜 경기도의 잣막걸리

경기도의 한허리에는 한강이 흐르고 있다. 강 주변에 평야가 발달하여 쌀 재배에 용이하며, 그래서인지 경기미는 밥맛이 좋기로 유명하다. 경기도에서 생산되는 친환경 쌀이나 최고급 쌀로 빚어낸 경기도 막걸리 역시 최고의 품질을 자랑한다. 경기도 북부의 포천에서는 맑은 물과 경기미를 원료로 막걸리를 빚어 고유의 전통을 이어왔고, 이미 오래전부터 일본에 〈포천막걸리〉를 수출해 국위를 선양해왔다.

전국에서 생산되는 잣의 31%가 경기도 가평에서 생산된다. 청평에서 현리 방향으로 가면 잣으로 막걸리를 빚는 양조장을 찾을 수 있다. 가평 역시 물이 좋기로 유명하다. 250m 지하에서 끌어 올린 깨끗한 물로만 술을 빚는다. 밥맛이 좋은 쌀로 술을 빚으면 술맛도 좋을 수밖에 없다. 〈가평잣생막걸리〉는 밥맛이 좋은 쌀로 제조된다. 여기에 지역 특산물인 생 잣을 갈아 넣는 것이 특별하다.

잣은 독특한 풍미를 지녔을 뿐만 아니라 단백질 18.6%, 지방 64.2%, 당질 4.3%, 식이섬유, 비타민 A, B1, B2와 마그네슘, 칼슘과

제3장 K-푸드의 건강을 책임지는 발효음식

철분이 많이 들어 있는 고칼로리 식품으로 기운이 없을 때나 입맛이 없을 때 먹으면 좋은 식품이다. 마그네슘은 '스트레스를 없애주는 무기질'이라는 별명을 가지고 있다. 마그네슘은 근육의 긴장과 이완에 필요하고 혈압을 낮춰주는 역할을 하며, 마그네슘이 부족하면 초조 증세, 신경과민, 경련, 불안증세, 불면증 등이 나타난다. 철분은 빈혈의 예방과 치료에 좋다.

잣이 지니고 있는 성분 중 가장 중요한 것은 자양강장제의 역할을 하는 우수한 지방인데, 잣에 함유된 지방은 올레산과 리놀산, 리놀렌산 등 불포화지방산이며, 피부를 아름답게 유지하는 데 도움이 된다. 그 밖에도 수용성 식이섬유, 항산화 작용이 있는 비타민 E 등이 많이 들어 있다.

잣을 건뇌식품이라고 하는 이유도 잣에 많이 들어 있는 불포화지방산이 뇌의 활동을 촉진해 머리를 좋게 하기 때문이다. 또한 식이섬유가 풍부해 콜레스테롤 함량을 낮춰주고, 항산화 작용을 하는 플라보노이드가 많이 들어 있어 폐와 내장의 기능을 튼튼하게 해주며, 기관지염 등 각종 노인성 질환 예방에 좋고, 단백질이 풍부하여 근육형성을 도와주므로 노화현상이 일어나는 중년기 이후에 좋은 약용 식품이라고 할 수 있다.

〜 전라도의 해풍쑥막걸리

전라도는 두 얼굴을 지니고 있다. 남쪽에는 크고 작은 섬이 많으며, 북쪽으로는 평야가 펼쳐져 있다. 김제평야, 호남평야는 곡창지대의 구실을 톡톡히 하고 있다. 전라도 사람들은 풍류에 밝다. 일찍이 곡창지대의 곡물을 이용해 막걸리를 빚었다. 알다시피 전라도는 맛의 고장이다. 어느 곳에 가서 막걸리를 마시더라도 푸짐한 안주에 놀라게 된다.

여수 밑 다도해해상국립공원 거문도 특산물 중 하나는 해풍쑥이다. 돌이 많고 바람이 강한 거문도의 척박한 땅에서 봄철이 되면 언 땅을 비집고 나와 해풍을 견디며 자란 쑥은 약효가 강한 것으로 유명하다.

여수에서는 거문도에서 거친 해풍을 맞고 자란 쑥을 고두밥과 혼합하여 발효시킨 〈해풍쑥생막걸리〉를 개발했다. 맛을 보면 쑥 특유의 맛과 향이 진하게 느껴진다. 쑥에는 비타민 A, B1, B2, C 등이 많이 들어 있고, 철분과 칼슘도 풍부하다. 또한 약해진 몸의 저항력을 높여주고, 스트레스 해소와 피로 회복에 도움을 준다.

쑥은 칼륨이 많이 들어 있어 이뇨 작용을 촉진하고 혈압을 낮춰 고혈압에 좋다. 쑥에 많은 시네올 성분은 혈액순환을 촉진하여 오장육부를 따뜻하게 하고, 월경불순, 소화불량, 식욕부진, 천식, 기관지염 등에 효과적이다. 최근 보고에 따르면 쑥은 면역력을 강화시키고, 항암 효과도 뛰어나다고 한다. 해독작용도 뛰어나 황달과 같은

제3장 K-푸드의 건강을 책임지는 발효음식

간질환에 좋으며, 우리 몸 안에 쌓인 독소를 체외로 내보낸다.

히로시마에 원자폭탄이 투하된 후 잿더미 속에서 가장 먼저 생겨난 식물이 쑥이었다고 할 정도로 쑥의 강인함은 유명하다. 쑥의 약효는 이러한 강인함에서 나온다고 할 수 있다. '깊은 산속에서도 쌀과 된장만 있으면 쑥을 뜯어 된장국을 끓여 먹으며 얼마든지 살 수 있다'는 옛말이 있다. 이른 봄에 파릇파릇 새로 나오는 쑥을 뜯어 국을 끓여 먹으면 겨울철 탁해진 피를 맑게 하고, 부족했던 영양소를 보충할 수 있어서 좋다.

쑥에는 다량의 엽록소, 비타민 A, B1, B2, C 등이 많이 들어 있고, 철분, 칼슘 등의 무기질이 풍부하다. 특히 생쑥 100g에 들어 있는 비타민 A의 양은 하루 필요량의 절반 정도에 해당한다.

봄철의 쑥은 겨울철에 약해진 몸의 저항력을 높여주고, 스트레스 해소와 피로 회복에 도움이 된다. 옛 속담에 '애엽(쑥)국에 산촌 처녀 속살이 찐다'라는 말이 있다. 이는 쑥에 있는 치네올이라는 성분이 혈액순환을 촉진하여 여성의 몸을 따뜻하게 해주고, 월경불순, 소화불량, 식욕부진, 천식, 기관지염 등에 좋기 때문에 생겨난 것이다.

각종 질병을
예방하는 K-푸드

1

위장질환에 도움이 되는
K-푸드

한국 사람에 맞지 않는 서구화된 식습관은 자칫 위장질환을 일으킬 수 있다. 기름진 음식의 과다 섭취, 불규칙적인 식사, 과식, 씹지 않고 빨리 먹는 습관 등이 만성 위장질환의 원인이 된다.

위는 자극성 있는 음식을 싫어한다. 기름기가 많은 식품, 커피, 맵고 짠 음식, 흡연, 음주, 의약품의 장기 복용 등도 위장질환을 일으키는 데 한몫을 한다. 밤에 지나치게 많이 먹고 소화가 안 된 상태로 잠자리에 드는 습관이 있거나, 혈액순환이 안 되는 상태가 장기간 계속되어도 만성 위장질환이 생길 수 있다.

위가 음식물을 잘게 분해하고 섞는 데는 2~6시간이 걸린다. 그런데 제대로 씹지 않고 위로 보내면 그 부담은 고스란히 위에게 넘겨진다. 위장을 생각한다면 적게 먹어야 한다. 잦은 외식 빈도, 뜨거운 국의 선호, 짠 음식의 선호 등은 위에 부담과 자극을 주어 위점막에 상해를 가져올 수 있다.

음식물도 천천히 씹어 먹어야 한다. 입에 한 숟가락의 음식을 넣었으면 30번 이상 씹어 먹고, 식사는 30분 이상 천천히 한다. 천천히 먹기 위해서는 젓가락만 사용해 식사하는 방법도 있다. 젓가락을 사용하면 밥과 반찬을 먹는 시간이 늘어난다.

현재 우리나라 소화성궤양 환자의 70~80% 정도가 헬리코박터 파일로리균 보균자이다. 이 균은 위점막에 상처를 입혀 만성 위장염을 일으키고, 심하면 위궤양으로 발전한다. 헬리코박터 파일로리균을 억제할 수 있는 식품으로는 양배추, 매실, 무, 브로콜리, 당근, 생강 등이 있다.

∼∼ 양배추

양배추는 위장을 이롭게 한다고 하여 자연요법에서는 양배추를 위궤양, 십이지장 궤양의 치료에 이용한다. 1950년 미국 스탠퍼드대학의 가넷 체니(Garnett Cheney) 박사는 65명의 위궤양 환자에게 양배추즙을 먹게 한 결과, 62명에게서 위궤양 치료 효과가 있었다고 보고했다. 양배추에 들어 있는 비타민 U(U는 위궤양의 Ulcer를 뜻한다)가 위의 점막을 보호해 준다는 것이다. 양배추에는 식이섬유와 칼슘이 풍부하다. 또한 플라보노이드, 설포라펜, 베타카로틴, 엽록소, 인돌과 같은 생리활성 물질이 많이 들어 있어 발암을 억제하는 성질이 있다.

〰️ 매실

매실청(매실 진액)에는 탄수화물을 분해하는 베타-아밀라아제 (β-amylase)나 단백질을 분해하는 소화효소인 프로테아제(protease)가 들어 있다. 또한 매실은 구연산, 사과산, 주석산, 호박산 등 유기산을 많이 함유하고 있다. 유기산은 위액의 분비를 촉진해 주기 때문에 소화가 안 될 때 매실청을 마시면 속이 편해진다. 또한, 위장의 작용을 활발하게 하여 소화를 돕고 변비 예방에도 도움이 된다. 특히 소화불량, 배탈, 설사로 인해 체하거나 배가 아플 때 매실청을 한 스푼 정도 마시면 효과가 있다.

〰️ 무

예로부터 무는 속병을 없애고 속살을 예쁘게 한다고 하여 미용식으로 이용되어 왔다. 한방에서는 기를 통하게 하고 체한 것을 내려가게 하는 효능이 있어 식적(食積)을 없애는 데 탁월한 것으로 알려져 있다. 소화 기능이 떨어질 때 위산의 분비를 촉진시켜 소화를 촉진하며, 복통, 설사, 변비에도 활용된다.

～ 브로콜리

브로콜리(녹색꽃양배추)는 원래 양배추에서 콜리플라워(우윳빛 꽃양배추)로 개발된 다음 다시 변형해서 개발되었다. 서양채소인 브로콜리는 1960년대에 처음 우리나라에 들어와 우리에게 그리 친숙한 채소는 아니다. 작은 가지가 모여서 큰 송이를 이뤄 마치 꽃봉오리같이 생긴 것이 향까지 강하다 보니 먹기 싫어하는 사람들이 많다. 미국의 부시 전 대통령은 어릴 때부터 어머니가 억지로 브로콜리를 먹도록 강요하여 브로콜리를 싫어한 것으로 유명하다.

브로콜리에 많이 들어 있는 설포라펜은 위염이나 위궤양, 위암의 원인균인 헬리코박터 파일로리균을 없애는 데 효과적이다. 설포라펜은 브로콜리, 콜리플라워, 케일, 양배추 등 십자화과 채소에 많이 들어 있다.

～ 당근

한방에서 당근은 위와 장을 깨끗하게 씻어주는 역할을 하여 위를 튼튼히 하고 소화불량, 백일해, 기침 등에 쓰인다. 기운이 허약해서 일어나는 복부팽만 증상을 치료하는 데도 자주 이용된다. 당근을 날로 씹어 먹으면 식사량을 줄일 수 있고, 스트레스 해소에 도움이 되며, 배변도 원활해진다. 당근의 식이섬유는 장의 활동을 도와 변비를 예방해 주고, 대장암을 예방해 주는 역할을 한다.

〰 생강

생강은 소화액의 분비를 자극하고 식욕을 좋게 하는 성질이 있어서 오래전부터 소화제로써 심기를 통하고 냉을 제거하는 데 사용해 왔다. 생강의 진저롤(gingerol)과 쇼가올(shogaol)은 매운맛을 내는 페놀화합물 성분으로 위액의 분비를 촉진해 소화를 돕는 기능이 있으며, 항균 작용을 한다. 위궤양의 원인으로 알려진 헬리코박터 파일로리균을 살균하는 작용도 있다.

진저롤은 혈액의 흐름을 원활하게 하여 위장을 비롯한 내장의 활동을 활발하게 한다. 혈액순환이 원활하면 신장으로 가는 혈액량이 증가하여 이들 장기가 활발히 움직이면 담낭에서 배출되는 담즙의 양이 증가한다. 담즙은 지방을 분해해 주므로 다이어트에 효과적이다.

〰 감자

감자는 알칼리성 식품으로 위장의 궤양을 예방해 주는 역할을 한다. 감자의 판토텐산, 비타민 C, 아르기닌 등은 위궤양으로 손상된 조직을 회복시키는 작용이 있다. 비타민 B의 일종인 판토텐산은 위점막을 보호해 주는 역할을 하며, 아르기닌은 아미노산으로 식도와 위장에 얇은 막을 생성하여 자극적인 음식과 위산으로부터 위점막세포를 보호하는 역할을 한다. 비타민 C는 헬리코박터 파일로리균이 위장의 점막을 공격할 때 생기는 유해산소를 차단하여 위암 발생률을 낮추어 준다. 위장질환을 예방하기 위해 감자즙, 감자수프, 감잣국 등을 섭취하면 좋다.

〜〜 호박

호박은 한방에서 약성이 감미롭고 자양, 강장의 효과가 있는 것으로 알려져 있다. 호박에 들어 있는 당분은 소화 흡수가 잘 되어 위장이 약한 사람에게 좋다. 호박죽은 부드러운 식감 때문에 위장이 약한 사람도 부담 없이 먹을 수 있는 음식으로 겨울철 부족하기 쉬운 비타민을 보충할 수 있다.

〜〜 영지버섯

영지버섯은 심산유곡에 발견되는 희귀한 버섯으로 '불로장생의 명약'이라고 불리며, 이미 3,000여 년 전에 중국의 진시황이 불로초로 여겨 300명을 보내 구하려 했다는 이야기가 있을 정도로 대단히 귀중히 여겨온 버섯이다. 영지버섯은 항종양 작용, 심혈관에 대한 작용, 면역증진, 항바이러스 작용 등의 약리 효능을 나타내며, 민간에서는 위암 예방, 소화성 궤양, 고지혈증, 당뇨 등에 사용되고 있다.

2
간 건강을 다스리는
K-푸드

　간은 우리 몸에서 가장 큰 장기 중 하나로 성인의 간은 무게
가 1.2~1.5kg에 달한다. 간은 여러 가지 물질들이 외부로 배출되는
통로의 역할을 하며, 알코올, 니코틴, 식품첨가물, 잔류농약 등의 각
종 독성 물질을 해독한다. 또한, 우리 몸에서 각종 영양소를 분해하
고 합성하는 화학공장 역할을 한다. 간은 지방의 소화, 흡수에 필요
한 담즙을 생산하여 지방의 소화와 흡수를 돕는다. 탄수화물은 간에
서 포도당이나 글리코겐으로 저장되며, 지방은 중성지방이나 콜레스
테롤, 인지질로 전환되고, 단백질은 아미노산으로 분해되어 온몸으
로 운반된다.

　술은 간 건강을 해치는 가장 큰 주범으로 지목된다. 술을 과
다하게 섭취하면 알코올의 대사산물이 간세포를 손상시키기 때문이

다. 간의 조직에 지방이 끼면 지방간이 되고, 그대로 시간이 경과하면 간에 염증세포가 증가하는 간염의 상태가 된다. 간염은 간경화로 진행될 수 있으며, 간경화는 간암으로 진행되는 경우가 많다. 간에는 신경세포가 없어서 70% 이상 손상되어도 통증을 느끼지 못하며, 간 질환은 자각 증상이 없기 때문에 간을 일명, '침묵의 장기'라 부른다. 그렇다면 간 건강에 좋은 식품으로는 어떤 것들이 있을까?

∾ 다슬기

다슬기는 간의 열을 내리고, 이뇨 작용을 하며, 술독을 치료하며, 간담 계통의 제반 병증에 탁월한 효능을 보이는 것으로 알려져 있다. 다슬기는 '민물에 사는 웅담'이라고 표현할 만큼 간의 열과 눈의 충혈, 통증을 다스리고, 위통과 소화 불량을 치료하며, 열독과 갈증을 풀어주는 효능이 있다. 다슬기에는 아미노산의 일종인 타우린이 풍부한데, 타우린은 혈중 콜레스테롤의 함량을 낮춰주고, 간장의 해독기능이 있어 피로 회복에 효과적이다.

∾ 재첩

섬진강 유역을 여행하다 보면 재첩국을 파는 식당을 자주 발견하게 된다. 간혹 다슬기와 혼동하는 경우가 있는데 다슬기는 달팽

제4장 각종 질병을 예방하는 K-푸드

이 모양을 하고 있으며, 재첩은 아주 작은 민물조개이다. 재첩에는 간 해독작용을 촉진하는 타우린이 많이 들어 있어서 숙취 해소를 위한 해장국에 많이 이용한다. 또한, 혈중 콜레스테롤 저하 작용, 지방간 및 간 장애 억제, 항당뇨 작용, 항종양 활성, 운동시간 증가, 근육세포 활성 증가 등의 효능이 보고되고 있다. 재첩국은 재첩을 물에 넣고 끓인 후에 소금으로 간을 하면 간단히 완성된다. 된장을 풀기도 하고, 부추를 넣어 끓이면 감칠맛이 더해진다.

∿ 톳

해조류의 일종인 톳은 모자반과에 속하는 갈조류 바닷말의 일종이다. 톳은 항염, 숙취성 알코올 대사 촉진 및 간 보호 기능성 소재로 보고되고 있다. 데쳐서 삶은 두부와 섞어 톳나물 두부무침으로 만들어 먹으면 맛이 좋다.

∿ 구기자

구기자는 맛이 달며 성질은 차고, 간과 신장에 작용하여 시력을 개선하고 몸이 허약하여 생기는 병을 다스리며 근육과 뼈를 강하게 한다. 구기자는 베타인, 콜린, 루틴, 제아잔틴 등 다양한 기능성 성분과 비타민 A, B1, B2, C 등이 다량 함유되어 있으며, 항산화 효과,

항균 및 항암 효과, 면역증진 효과, 간 기능 개선 효과, 혈중 콜레스테롤 저하 등 다양한 생리활성을 나타내는 것으로 알려져 있다. 구기자에는 지방간을 치유하는 효과가 있는 베타인이라는 성분도 들어 있다. 구기자는 건조했을 때 겉이 쭈글쭈글하고, 속에는 아주 작은 씨가 여러 개 들어 있어 빼내는 것이 거의 불가능하다.

～ 오미자

오미자는 구기자에 비해 맑은 붉은색을 나타내며 타원형의 구기자와는 다르게 동그란 모양을 하고 있다. 오미자는 신맛(酸味), 매운맛(辛味), 단맛(甘味), 쓴맛(苦味), 짠맛(鹹味)이 다양하게 조화를 이루어 나타낸다고 하여 '오미자(五味子)'라 부르고 있다. 산수유는 구기자와 모양은 비슷하나 속에 커다란 씨가 하나 들어 있어 씨를 빼고 먹는다. 오미자에는 고미신 등이 들어 있어서 진정, 진통, 해열, 궤양 억제, 신장 보호, 항암 작용이 있으며, 심혈관에 작용하여 혈류를 개선하고, 혈관을 이완시키는 작용을 하며, 간 손상 억제와 간염에 효과적이라고 알려져 있다.

～ 결명자

결명자는 콩과에 속하는 한해살이풀인 결명초의 씨앗을 말한다. 꼬투리 속에 윤기가 나는 종자가 한 줄로 들어 있는데, 이것을 차로 마시거나 약용으로 쓴다. 간에 쌓인 열을 제거해 주고, 간의 기운을 북돋워 주며, 독과 열을 제거하는 효능이 있다.

～ 감초

감초는 콩과(leguminosae)에 속하는 다년생 초본이며, 뿌리와 뿌리줄기를 건조한 생약으로써 맛이 달아 감미료 및 한방의 처방전에 상당히 많이 이용되는 생약 중 하나이다. 감초는 독약으로 인한 약물중독을 치료하고, 세균으로 인한 독에도 중화작용 및 해독작용을 한다. 또한 항알레르기 작용을 하며, 위궤양, 십이지장궤양에도 효과가 있다. 유독 물질을 해독하는 작용을 하므로 간장의 기능을 강화시킨다.

～ 맥문동

맥문동은 국합과에 속하는 다년생 초본식물로 뿌리줄기는 짧고 굵으며, 뿌리는 가늘지만 강하고, 수염뿌리는 가늘고 긴데 어떤 것은 굵어져서 덩이뿌리가 된다. 맥문동의 덩이뿌리를 말리면 반투명한 당황색이 되는데 약리 성분으로는 사포닌계 화합물이 들어 있어서 항염증, 항당뇨, 면역조절 효과, 뇌세포 보호 및 기억력 증진 등이 보고되었으며, 간 손상을 억제하는 효과도 있는 것으로 알려져 있다.

〰 엉겅퀴

국화과 식물인 엉겅퀴는 여러해살이풀로 자주색 또는 적색 꽃이 핀다. 한 송이 꽃 안에 수백 개의 통 모양으로 생긴 작은 꽃이 들어 있으며, 어린잎은 나물로 하고 전체를 말려서 약용으로 쓴다. 엉겅퀴에는 실리마린이라는 물질이 들어 있어서 간세포의 신진대사를 활발하게 하여 간 속에 쌓인 유해 물질을 제거하고 간을 보호하는 기능이 있다.

〰 헛개나무

헛개나무는 갈매나무과에 속하는 낙엽큰키나무로 잎, 가지, 열매 등을 모두 약으로 사용하는데, 예로부터 주독 해독, 정혈, 이뇨, 갈증해소, 해독작용 등에 효과가 있는 것으로 알려져 왔다. 최근 연구 결과 헛개나무 추출물에서 숙취 해소 및 간 기능 활성과 보호 작용에서 우수한 효과가 입증되었다.

간질환이 있다면 기름에 튀긴 음식이나 기름진 음식을 피하는 것이 좋다. 육류보다는 채소 위주의 균형 있는 식생활과 적절한 운동으로 복부의 체지방을 줄여야 한다. 현미, 보리, 잡곡, 콩 등으로 지은 밥을 먹고, 간 건강에 좋은 부추, 마늘, 토마토, 시금치 등의 채소와 해조류를 섭취하는 것이 좋다. 단백질이 결핍되지 않도록 육류나 생선을 적절히 곁들인다. 간질환은 스트레스에 의해서도 발현되므로 마음을 안정시키고, 빨리 걷기나 조깅 등의 운동을 하루 30분 이상 꾸준히 하도록 한다.

3
건강한 K-푸드로
심혈관질환 예방

　'인간은 혈관과 함께 늙는다'라는 말이 있다. 혈관이 늙는다는 것은 콜레스테롤이나 동물성 포화지방산이 혈액의 흐름을 방해하여 동맥경화를 일으키는 것을 말한다. 동맥경화의 원인으로는 고혈압, 당뇨, 혈관내피의 손상, 지질의 과산화 등을 들 수 있다. 혈관 속의 콜레스테롤은 활성 산소와 만나 과산화되어 혈관 내벽에 상처를 주거나 혈관을 막히게 하여 동맥경화, 고혈압, 뇌졸중, 심장마비 등 심혈관질환을 유발한다.

　우리나라 사람들의 사망원인 중 암 다음으로 많은 심혈관질환은 고령화와 생활 습관의 서구화로 인해 매년 꾸준히 증가하는 추세를 보이며 국민 건강을 크게 위협하고 있다. 심혈관질환이 발병하는 주요한 이유로는 고혈압과 비만, 당뇨, 고지혈증 등의 대사증후군

　제4장 각종 질병을 예방하는 K-푸드

이 있다. 그중에서도 고혈압은 일반적으로 혈관 탄력이 떨어지는 50대 후반이나 60대에서 많이 발생한다. '침묵의 살인자'라고 불리는 고혈압은 아무런 증상이 없다가 갑자기 동맥경화로 이어지고, 뇌졸중이나 심근경색 등 합병증을 유발하는 질병이다.

미세먼지의 농도는 갈수록 높아지고 있으며, 한국의 경우 OECD 평균의 2배 이상으로 심각한 상태다. 미세먼지는 호흡기질환 등을 유발·악화시켜 조기사망의 원인이 된다. 또한, 초미세먼지가 심혈관질환의 유발 원인이 된다는 보고가 있으며, 대기오염이 심해지면 심혈관계 질환의 사망률 및 입원율이 증가하고, 심실빈맥 및 심방세동 등 심각한 심장 부정맥의 빈도도 증가한다고 보고되었다.

〰 등푸른생선

우리나라 사람들이 날씬하고 건강하며 동맥이 깨끗하고 심장병 등의 발병률이 매우 낮은 비결 중 하나가 바로 생선을 즐겨 먹는 식생활이다. 고등어, 꽁치와 같은 등푸른생선에는 오메가-3 지방산인 DHA나 EPA와 같은 몸에 좋은 불포화지방산이 듬뿍 들어 있다. 이들 지방산은 몸속에 있는 중성지방 함량과 나쁜 콜레스테롤을 낮춰준다. 건강한 혈관을 유지하기 위해서는 오메가-3 지방산이 풍부한 고등어나 꽁치 같은 등푸른생선을 일주일에 2~3회 이상 먹는 것이 좋다.

～ 참기름과 들기름

우리나라 사람들은 음식을 요리할 때마다 참기름이나 들기름을 많이 사용한다. 특히 즐겨 먹는 푸성귀가 맛이 없을 때는 고소한 참기름이나 들기름을 뿌려 먹어야만 비로소 우리 고유의 음식으로서 맛을 낸다. 참깨에 들어 있는 올레인과 같은 단일불포화지방산은 콜레스테롤 저하, 암세포 증식 억제, 노화 억제 등의 생리활성 기능이 있으며, 들깨에는 리놀렌산과 같은 오메가-3 지방산이 풍부하여 심혈관질환, 암, 염증성 관절염 등의 예방에 효과가 있다.

～ 견과류

견과류에는 오메가-3 지방산의 하나인 리놀렌산, 수용성 식이섬유, 항산화 작용이 있는 비타민 E 등이 많이 들어 있다. 하버드 의대 알버트 박사는 오메가-3 지방산의 하나인 리놀렌산이 심장박동이 불규칙해지는 것을 막아주는 역할을 하여 심장질환으로 인한 사망 위험을 줄여주는 것으로 보고했다. 즉 심장질환 환자는 심장박동이 불규칙해지는 심실세동 현상이 일어나 갑자기 죽음에 이르게 되며, 리놀렌산이 바로 이 현상을 막아준다는 것이다.

　　　　　　　　　　제4장 각종 질병을 예방하는 K-푸드

〰 콩 펩타이드

단백질이 분해되어 생기는 펩타이드 성분은 혈압강하 효과가 있다. 또한 콩에 들어 있는 불포화지방산, 식이섬유, 아이소플라본, 사포닌, 식물성 스테롤 등이 심혈관질환을 예방한다.

〰 메밀

메밀에 많이 들어 있는 루틴은 플라보노이드의 일종으로 모세혈관을 튼튼하고 유연하게 해주어 혈관의 저항성을 강화한다. 헤스페리딘과 함께 비타민 P라고 불리는 루틴은 혈관계 질환의 치료제로 쓰이는데, 혈압뿐만 아니라 혈당 및 혈중 지질대사를 개선하는 것으로 밝혀졌다. 메밀의 핵심 유효성분으로 분류되는 루틴은 열매뿐만이 아니라 줄기, 잎, 꽃에도 광범위하게 함유되어 있다. 꽃이 피기 시작할 때 잎과 꽃이 붙은 윗가지를 베어 말린 메밀전초는 제약 원료로도 사용한다.

〰 셀러리

셀러리에는 루테올린이라는 물질이 들어 있다. 루테올린은 플라보노이드 성분으로 우수한 항산화, 항염증, 항알레르기 효과가 있는 것으로 보고되고 있다. 루테올린은 암 발생 과정에서 중요하게 작용하는 단백질과 직접 결합해 활성을 억제함으로써 발암과정을 저해하는 것으로 알려져 있다. 또한, 혈관 이완 작용을 해 혈압을 낮춰주는 것으로도 보고되고 있다.

〰 녹차

녹차에는 카테킨이라는 폴리페놀 물질이 많이 들어 있다. 1991년 미국 건강재단 주최로 열린 뉴욕 국제 차 심포지움에서 녹차를 매일 마시는 사람에게서 심장병과 암 발생률이 감소함을 보고했으며, 콜레스테롤을 먹여 사육한 쥐에서 콜레스테롤 수준을 감소시킨 녹차의 효과가 보고되었다.

〰 진피

2005년 일본의 하야시바라 생물화학 연구소는 진피(귤 껍질)에 들어 있는 헤스페리딘이 혈중 중성지방을 줄이는 작용이 있다는 사실을 확인했다. 헤스페리딘은 플라보노이드의 일종으로써 혈관을 강화시키는 효능이 있기 때문에 비타민 P라고 불린다. 주로 간에서 지방산과 콜레스테롤의 결합을 억제한다.

～ 감

예로부터 감은 한방요법에 많이 쓰였다. 옛말에 '잎이 무성한 감나무 밑에 기대어 서 있기만 해도 건강해진다'는 속담이 있는데 이는 감즙이 중풍의 명약으로 알려져 있기 때문이다. 감 속에 있는 타닌 성분은 모세혈관을 튼튼하게 해주고, 혈압을 낮춰주는 성질이 있다. 감의 떫은맛 역시 타닌 성분으로 인한 것이다. 감에는 타닌이 1~2% 정도 들어 있다.

～ 마늘

마늘은 고혈압과 동맥경화의 원인이 되는 콜레스테롤의 함량을 낮춰주고 혈압을 낮춰주며, 혈액이 응고되는 것을 방해하여 혈전을 용해하는 성질이 있어 심장질환을 예방하는 효과가 있다. 혈액의 콜레스테롤 함량을 낮춰주고, 혈액이 응고되는 것을 방해하는 물질은 마늘 속에 포함된 유황 화합물이다. 이 유황 화합물은 체온을 올려주는 성질이 있으므로 체지방을 연소시켜 준다. 이 밖에도 마늘은 만성 빈혈, 관절염, 당뇨, 정장 작용 등의 효과가 있다는 보고가 있다.

～ 양파

양파의 유효성분은 약 150가지에 달할 정도로 많아서 '식탁 위의 불로초'라고 불린다. 양파의 기능성 성분은 주로 플라보노이드 계통으로 심장질환이나 암, 당뇨 등의 예방에 효과가 있다. 플라보노이드의 일종인 퀘르세틴이라는 물질은 혈압과 혈중 콜레스테롤 수치를 낮추는 탁월한 효능을 가지고 있다. 퀘르세틴은 항산화 작용이 뛰어난 물질로 사과나 포도 껍질에도 들어 있지만 양파에 더 많이 들어 있다. 미국 터프츠대학의 리핀스카 박사팀은 심장병 환자에게 양파 한두 개에 해당하는 양파즙을 매일 먹게 한 결과, 좋은 콜레스테롤인 HDL-콜레스테롤의 함량을 높일 수 있었다고 보고했다. HDL-콜레스테롤은 혈액 속의 나쁜 콜레스테롤을 몸 밖으로 배출시켜 주는 성질이 있다.

〰 부추

부추는 비타민과 같은 영양소 섭취를 위해서 보다는 독특한 향과 아리는 듯한 맛 때문에 먹는다. 부추는 항 미생 물질인 유황 아릴 화합물을 함유하고 있어서 미생물을 죽이는 작용을 하고, 활성산소를 제거하여 암을 억제하며, 관상동맥질환을 예방하는 효과가 있다. 그래서 부추를 먹으면 중풍에 걸리지 않는다는 말이 있을 정도이다.

〰 가지

가지는 심장질환 예방에 뛰어난 효능이 있는 것으로 알려져 있다. 가지에는 안토시아닌 계통인 나스닌(자주색)과 히아신(적갈색)이 포함되어 있는데, 이러한 물질이 지방질을 흡수하고 혈관의 노폐물을 제거하여 피를 맑게 하고 혈액순환을 좋게 한다. 따라서 가지는 혈액 속의 콜레스테롤 함량을 낮추고, 심장병이나 뇌졸중을 예방하는 데 도움이 된다.

〰 미나리

미나리는 혈압을 낮추는 혈압 강하 작용이 있어 고혈압에 좋다. 미나리 100g에는 혈압을 낮춰주는 기능이 있는 칼륨이 400mg이나 들어 있다. 미나리에 많이 들어 있는 항산화 물질은 활성산소를 제거하여 노화를 예방하는 성질이 있고, 면역력을 향상해 항암, 항균 작용을 하며, 간의 손상을 방지하고 혈압을 낮춰준다. 또한, 혈중 콜레스테롤의 함량을 낮춰주어 혈액순환을 원활하게 한다.

〰 생강

생강은 매운맛과 향이 강하여 그 자체를 생으로 먹기는 어렵다. 그래서 주로 고추, 마늘, 파와 함께 우리의 전통음식인 김치에 필수적으로 들어가는 양념이다. 생강은 성질이 따뜻하며 신진대사를 촉진하여 몸속의 혈액순환을 원활히 하여 몸의 기운을 올려준다. 생강에는 진저롤이라는 성분이 들어 있어 혈관 내 콜레스테롤을 배출시키고, 혈액을 맑게 하여 혈액순환을 도와준다.

〰 울금

울금은 생강과의 다년초로서 강황, 옥금, 왕금 및 심황으로 알려져 있다. 뿌리줄기는 강황, 덩이뿌리는 울금이라고 부르는데, 울금에 들어 있는 커큐민은 콜레스테롤의 산화 억제 효과를 나타낼 뿐만 아니라 혈압상승도 억제하는 것으로 보고되어 있다.

건강하지 않은 식습관, 신체활동 부족, 음주, 흡연, 고혈압, 고지혈증, 비만 등은 심혈관질환 발생 위험을 높이는 요인으로 꼽히고 있다. 따라서 고혈압의 원인이 되는 짜고 기름기 많은 음식을 줄이고, 신선한 채소와 과일을 골고루 섭취하는 것이 좋다. 또한, 고혈압 예방을 위해 규칙적으로 운동하고, 담배는 반드시 끊고, 술은 하루 한두 잔 이하로 줄이도록 노력하자.

제4장 각종 질병을 예방하는 K-푸드

4

암을 예방하는
K-푸드 식사법

    암은 우리의 생명을 위협하는 가장 두려운 질병 중 하나이다. 우리나라에서도 2022년 전체 사망자의 22.4%가 암으로 사망하는 등 사망 원인 1위를 차지하고 있으며, 그 수는 무려 연간 8만 3천 명에 이른다.

    암이 발생하는 이유로는 유전적 요인, 자외선, 방사선, 중금속, 공해, 흡연, 식생활 등 여러 가지가 있지만, 그중에서도 가장 큰 원인은 식생활이라고 할 수 있다. 불에 많이 탄 음식, 곰팡이가 핀 음식, 과다한 지방의 섭취는 암에 걸릴 위험성을 증가시킨다. 특히 우리의 식생활이 서구화되면서 육류의 지나친 섭취로 인해 예전에는 드물던 대장암이 급증하고 있다.

    그렇다면 우리는 암을 예방하기 위해 구체적으로 어떤 음식을 먹어야 할까? 암 예방 효과가 가장 높은 식품으로 평가되는 것은 마늘, 양배추, 감초, 콩, 생강, 당근, 셀러리이고, 그다음은 양파, 녹차, 울금, 현미, 감귤류(오렌지, 레몬, 포도), 십자화과(브로콜리, 컬리플라워), 쑥 등으로 우리가 평소 즐겨 먹고 있는 식품이 대부분이다. 이러한 식품들은 주로 과일과 채소 종류로써 병을 예방하는 수천 가지 생리 활성 물질이 풍부하며, 주로 색이 진한 식품에 많이 농축되어 있다. 과일과 채소의 섭취는 항산화제를 증가시켜 발암 물질의 생성을 저해한다.

〰 콩

콩 속의 아이소플라본은 악성 종양이 커지는 것을 억제해 유방암과 전립선암 예방에 효과적이다. 콩을 많이 먹는 일본인의 유방암 발생률은 미국인의 5분의 1에 불과하다고 한다. 콩의 어떤 성분이 이런 성질을 갖고 있을까? 콩에 들어 있는 사포닌, 트립신 저해제, 식물성 스테롤 등은 항암 효과가 있는 것으로 알려져 있다.

콩은 피트산도 많이 함유하고 있다. 그동안 피트산은 철분, 아연 등 무기질의 흡수를 방해하는 것으로 알려져 왔지만, 최근의 연구 결과에 의하면 영양분의 흡수를 지연시키고, 혈중 지질 함량을 낮추어주며, 암을 예방하는 등 여러 가지 이점이 있다고 한다.

∿ 마늘

　　마늘은 '식탁 위의 항암 보약'으로 널리 알려져 있다. 1990년 미국의 국립암연구소가 실시한 〈디자이너 푸드 프로그램(식물성 식품에 의한 암 예방 계획)〉에서 마늘이 최고의 항암 음식으로 선정되면서 그 효과를 인정받기 시작했다. 마늘에 들어 있는 유황 화합물, 셀레늄, 플라보노이드 등은 위암, 유방암, 간암, 대장암의 발생률을 줄여주는 효능이 있다고 보고되었다. 유황 화합물은 매운맛을 내는 물질로써 면역력을 강화시켜 주고, 활성산소를 제거해 암세포의 진행을 억제한다. 또한, 위암을 일으키는 헬리코박터 파일로리균을 죽여 위암을 예방하며, 위장에서 발암 물질인 니트로사민의 합성을 억제하는 역할을 한다.

∿ 양파

　　양파에는 플라보노이드의 한 종류인 퀘르세틴이 많이 들어있다. 퀘르세틴은 뇌암과 기관지암 등 각종 암의 발병 위험을 낮추는 작용이 있는 물질로 양파뿐만 아니라 케일, 시금치, 아스파라거스 등의 채소류와 녹차에 다량 함유되어 있다. 미국 사우스캐롤라이나 암센터의 와고비치 박사는 양파에 암을 억제하는 유황 화합물이 함유되어 있어 암의 진행 과정을 방해하는 것으로 보고했다.

〰 생강

생강의 매운맛 성분인 진저롤은 유전자 손상을 방지하여 암 발생을 억제하는 역할을 한다. 미국 미네소타대학의 보드 박사팀은 진저롤을 투여한 쥐 집단에서 발생한 종양의 수가 현저히 적었다고 보고했으며, 일본의 모리히데 교수팀은 쥐의 먹이에 생강을 넣어 대장암이 억제됨을 확인했다. 최근 타임지에서는 10대 항암식품으로 마늘에 이어 생강을 선정하기도 했다. 김치가 항암식품으로 인정받는 이유에는 마늘뿐만 아니라 생강도 한몫하고 있는 셈이다.

〰 가지

가지에는 항암 작용을 나타내는 식이섬유, 베타카로틴, 알칼로이드, 안토시아닌 등이 들어 있다. 베타카로틴은 암세포의 원인이 되는 활성산소를 억제하는 항암 효과가 있어 폐암과 후두암, 식도암, 전립선암, 자궁암 등을 예방한다. 가지에 들어 있는 특유의 알칼로이드 또한 암세포의 성장을 억제하는 역할을 하여 암세포를 사멸시키거나 성장 및 전이를 막아 항암에 도움이 된다.

〰 송이버섯

버섯에 함유되어 있는 다당류인 베타글루칸은 면역 활성, 항

제4장 각종 질병을 예방하는 K-푸드

산화능, 항균 작용 및 돌연변이 세포를 인식하고 공격하는 항암 효과가 있다고 보고되어 있다. 버섯 중에서도 귀족으로 불리는 송이버섯은 향이 독특하여 향으로 먹는다고 말할 정도이다. 고단백 저칼로리 식품인 송이버섯은 식이섬유가 풍부하여 성인병 예방에도 좋다.

〜 노루궁뎅이버섯

노루궁뎅이버섯은 모습이 마치 노루 궁둥이와 비슷하게 생겼다고 하여 그 이름이 붙여진 버섯으로서 버섯 주변에 붙어있는 털의 모습이 동물의 궁둥이 같기도 하다. 한국, 중국, 일본, 북아메리카 등지의 활엽수에서 주로 자란다. 노루궁뎅이버섯은 면역력을 강화시켜 주는 베타글루칸이 풍부하여 각종 질환의 예방과 치료에 효과적이며, 암 예방과 치료에도 도움이 되는 것으로 알려져 있다.

〜 상황버섯

상황버섯은 한국, 일본, 호주, 북미 등에서 자생하는 버섯으로 목질진흙버섯이라고도 불리며, 자작나무, 참나무, 상수리나무 등 활엽수의 고목에 기생하는 버섯이다. 혓바닥 같은 형태의 윗부분은 품종에 따라 약간의 차이는 있지만 진흙과 같은 색깔을 나타내기도 하고, 감나무의 껍질과 같이 검게 갈라진 모습을 나타내기도 한다. 상황버섯은 다당류인 베타글루칸을 다량 함유할 뿐만 아니라 플라보노이드, 테르펜류 성분이 많이 들어 있어 항암 작용이 뛰어난 것으로 알려져 있다.

〜 오메가-3 지방산

오메가-3 지방산이 암 환자에게 도움이 된다는 연구 결과가 최근 국내외에서 잇따라 발표되고 있다. 오메가-3를 많이 섭취한 사람들에게서 대장암, 유방암, 췌장암, 위암 등의 발생빈도가 감소한 것이다. 미국 프레드허치슨 암 연구센터에서 3만 5,016명을 대상으로 6년간 조사한 결과 오메가-3 지방산을 매일 먹는 사람은 유방암 발병률이 32% 낮았다고 보고했다. 미국 국립환경건강과학연구소도 1,872명을 대상으로 조사한 결과 오메가-3 지방산 섭취율이 상위 4%에 속한 사람은 하위 4%보다 대장암 발병 위험이 50%가량 낮았다는 연구 결과를 발표했다.

〜 안토시아닌

검은콩, 검은깨, 자두, 블루베리 등에 많이 들어 있는 안토시아닌은 붉은색, 분홍색, 보라색, 청색을 나타내는 색소다. 면역력을 향상하고, 각종 질병을 예방한다.

〜 베타카로틴

붉은색과 노란색을 띠는 당근, 호박, 살구, 고구마 등에 많이 들어 있는 베타카로틴은 활성산소를 제거하는 항산화 작용으로 노화를 지연시키며, 항암 효과가 있다고 알려져 있다.

〜 설포라펜

브로콜리, 컬리플라워, 케일, 양배추 등에 많이 들어 있는 설포라펜은 발암 물질의 대사 활성화를 억제하거나 독소를 해독하는 등의 성질이 있어 암을 억제한다. 이 때문에 브로콜리는 '최고의 항암 식품'으로 인정받고 있으며, 미국 암협회에서는 대장암, 위암, 식도암, 폐암 등을 줄이기 위해서는 브로콜리를 많이 섭취할 것을 권장하고 있다. 케일은 '자연이 인간에게 내린 최고의 선물', '채소의 왕'이라고 할 정도로 체질 개선과 질병 치료에 효과가 있으며, 항암 물질의 보고라고 할 수 있다.

〜 엽록소

시금치, 쑥, 쑥갓 등 녹색식물에 많이 들어 있는 엽록소는 광합성에 필요한 녹색의 색소로써 상처를 치유하고 세포를 재생해 유전자의 손상을 방지하고 암 발생을 억제한다.

〜 녹차

녹차의 카테킨은 암을 예방하고 암세포의 증식을 억제하는 효과가 있다. 또한 항균 작용, 혈압상승 억제 작용, 혈당 저하작용, 항암 작용 등 다양한 약리작용이 보고되었다. 카테킨은 녹차와 포도뿐만 아니라 감, 매실, 메밀, 모과, 자몽, 양파, 케일, 와인 등에 많이 들어 있다.

〜 울금

울금의 커큐민은 암세포 증식을 저해하는 작용으로 인해 발암물질을 억제하는 항암성 등의 약학적으로 유용한 효능이 있으며, 간을 보호하는 기능을 가지며, 담즙의 분비를 촉진시키고, 혈소판응집을 억제하는 것으로 보고되고 있다. 그 외에도 항산화, 항염증, 항바이러스, 소염작용, 항궤양, 항당뇨, 항균 작용 등이 보고되고 있다. 이러한 이유에서 울금은 '밭에서 나오는 황금'으로 불리며 주목받고 있다.

〜 귤

귤에는 탄제리틴이라는 플라보노이드 물질이 들어 있어 뇌암과 기관지암을 예방하는 효과가 있다. 귤껍질에는 비타민 C가 많아 차로 끓여 마시면 감기뿐만 아니라 암 예방에 좋다. 리모닌은 유자의 쓴맛을 내는 정유 성분으로 향기를 낼 뿐만 아니라 항균 작용이 뛰어나며 위암, 폐암, 폐종양 등에 발암 억제 기능을 나타내는 것으로 보고되어 있다.

∿ 쑥

　　육식을 좋아하는 아프리카의 마사이족에게는 심장질환이나 암 환자가 거의 없다. 그 비결은 쓴맛 나는 각종 야생식물을 많이 먹기 때문이라고 한다. 우리나라의 야산이나 들판에 자라는 쑥, 질경이, 민들레, 씀바귀와 같은 야생식물에도 생리활성 물질이 많이 들어 있어 면역력을 높여주고 암을 예방해 준다.

　　옛날 중국의 왕안석은 "100가지 질병을 치료하는데 쑥만 한 약이 없다"고 했으며, 우리나라 속담에도 '7년 묵은 병을 3년 묵은 쑥으로 고쳤다'는 말이 있듯이 쑥은 예로부터 약효가 뛰어난 식물로 알려져 있다.

　　개똥쑥은 국화과 쑥속에 속하는 한해살이풀이다. 손으로 비벼보면 개똥 냄새가 난다고 하여 '개똥쑥'이라고 부르게 되었다. 개똥쑥은 항산화 및 항균효과 등이 보고되었고, 페놀화합물이 많이 들어 있어 다양한 종류의 암에 대한 증식억제 효능이 알려져 있다.

5
당뇨를 예방하는
K-푸드

당뇨병은 글자 그대로 '소변으로 당이 빠져나가는 병'이다. 당뇨병의 특징은 3다(多) 증상이다. 첫째로 소변량이 많아지는 다뇨(多尿), 둘째로 물이 부족해 갈증과 함께 물을 많이 마시게 되는 다음(多飮), 셋째로 당이 이용되지 못하고 빠져나가 허기가 져서 음식물을 많이 먹게 되는 다식(多食) 현상이다. 이들 증상 때문에 당뇨병에 걸리면 피곤하고 집중력이 떨어지며, 화를 잘 내게 된다. 예로부터 당뇨병은 부자들만 걸리는 병이었다. 경제적인 여유와 생활 수준의 향상으로 식생활이 변화한 탓에 생기는 병으로, 가난한 사람들은 잘 걸리지 않았기 때문이다.

음식을 먹고 두세 시간이 지난 뒤 혈당이 얼마나 올라가는지를 측정한 값을 '혈당지수(GI)'라고 한다. 흰쌀밥, 흰빵, 흰떡 등 부드러운 음식은 혈당지수가 높은 음식이다. 이들에 포함된 전분은 쉽게 소화돼 포도당으로 전환되기 때문에 이를 먹는 것은 혈당수치를 단숨에 올리는 단순당을 섭취하는 것과 마찬가지다. 따라서 단순당보다 서서히 혈당을 올리는 복합당인 식이섬유가 많이 들어 있는 음식을 먹어야 한다. 복합당이 풍부한 음식은 현미, 보리, 콩, 율무, 마, 과일, 채소, 미역, 다시마, 김 등이다.

〰 현미

현미는 우리 몸속에서 소화되는 데 시간이 오래 걸려 혈당이 천천히 올라간다. 따라서 당뇨가 있는 경우에는 혈당지수가 낮은 현미밥을 먹는 것이 바람직하다. 미강(쌀겨)에 함유되어 있는 감마오리자놀(γ-oryzanol)은 혈당을 낮추는 효과가 있는 것으로 보고되고 있으며, 일본의 와카야마 의과대학 연구팀은 미강에 포함된 페룰린산이 당뇨의 발병을 억제하는 효과가 있다고 발표했다.

〰 보리

보리에는 베타글루칸이 들어 있는데, 물에 녹으면 끈적끈적한 물질로 바뀌어 소장에서 당의 흡수를 지연시켜 혈당의 함량을 감소시키는 역할을 한다. 또한, 베타글루칸은 대장에서 유익균에 의해 브

티릭산과 같은 저분자 지방산으로 분해되는데 이 물질은 간에서 콜레스테롤의 합성과 대장암의 발생을 억제하는 역할을 한다. 당뇨가 있을 경우에는 흰쌀밥보다는 현미, 보리, 잡곡 등으로 밥을 지어 먹는 것이 좋다. 그러나 현미밥, 보리밥, 잡곡밥도 탄수화물이 많고 칼로리가 높으므로 적게 먹는 것이 더 중요하다고 할 수 있다.

〰 콩

당뇨병 환자에게 콩이나 콩으로 만든 음식은 혈당수치를 조절하기 좋은 음식이다. 콩에 풍부한 수용성 식이섬유는 위나 소장에서 소화되지 않지만, 대장으로 내려가 그곳에 살고있는 유익균의 먹이가 되는 물질이다. 콩에 있는 아이소플라본이라는 천연 호르몬 성분은 인슐린 저항성을 감소시키는 효과가 있어 당뇨병 예방에 도움이 된다. 이란의 아자드 바크트 박사는 당뇨환자에게 콩 단백질을 섭취하게 한 결과, 콜레스테롤 수치가 낮아지고 신장 기능이 향상된 것을 발견해 보고했다.

〰 해조류

식이섬유 섭취 부족은 당뇨병 발병의 원인이 될 수 있다. 식이섬유는 당뇨병 환자의 혈당과 인슐린 요구량을 감소시키므로 당

제4장 각종 질병을 예방하는 K-푸드

뇨병 환자는 식이섬유 함량이 높은 식품의 섭취가 요구된다. 하지만 식이섬유 함량이 높은 식품은 식감이 부드럽지 않아 먹기 어려운 단점이 있다. 미역이나 다시마는 33~44%의 식이섬유를 함유하고 있지만 우리에겐 친밀한 음식으로 거부감이 없다. 또한, 해조류에 들어 있는 플로로타닌 성분은 항산화, 항염증 항동맥경화 등의 생리활성 기능이 있어 당뇨합병증 억제에 효과적이며, 간 보호 효과까지 기대할 수 있는 물질이다.

∿ 녹차

녹차의 폴리페놀 성분인 카테킨은 혈당을 낮춰준다. 미국 펜실베이니아의 스크랜튼대학 조 빈슨 박사 연구팀은 2005년 「미국농업식품화학」에 발표한 논문에서 당뇨를 유발시킨 쥐에게 3개월 동안 녹차를 먹인 결과, 혈당치를 크게 낮추었다고 보고했다.

∿ 민들레

민들레에는 플라보노이드 성분이 많이 들어 있어 당뇨에 걸린 동물의 혈당, 중성지방 농도 및 총콜레스테롤 농도를 유의적으로 감소시켰으며, 항산화 활성을 증가시키는 것으로 나타났다. 따라서 민들레의 장기간 섭취는 당뇨증세를 개선하고 당뇨 합병증 예방에 효과가 있는 것으로 보고되고 있다. 크로아티아 자그레브대학 연구팀이 당뇨병을 유발시킨 쥐 72마리에게 민들레 뿌리 추출물을 투여한 결과, 혈당이 현저히 감소했다고 보고한 바 있다.

〜 당귀

당귀는 한국, 중국, 일본에서 생산되는 약재지만, 우리의 당귀는 중국산이나 일본산과는 달리 참당귀라고 하여 꽃이 자주빛 색깔을 가지는 특성이 있다. 우리나라 당귀는 혈액과 관련된 질환에 두루 사용되는 약재이다. 당귀는 면역강화, 진정 작용, 진통 작용, 관절염 치료, 항산화성, 항암성, 간 기능 개선, 인지기능 개선, 콜레스테롤 저하 기능 등이 보고되고 있다. 당귀의 유효성분인 데쿠르신은 당뇨병과 당뇨에 의한 합병증에 유효하다고 보고되고 있다.

〜 뽕잎

뽕잎은 수천 년간 누에의 먹이 공급원으로 이용되어 왔으며 1998년 이후부터 식품공전에 등재된 후 각종 가공식품 및 건강식품의 원료로 꾸준히 이용되고 있다. 뽕잎의 유용성분으로 알려진 루틴은 모세혈관 강화 작용과 수축 작용을 나타내며, 알칼로이드가 함유되어 있어 혈당 강하 효과가 있는 것으로 보고되고 있다.

제4장 각종 질병을 예방하는 K-푸드

〜 두릅

두릅에는 폴리페놀 등 각종 생리활성 물질이 풍부할 뿐만 아니라 비타민 A와 C가 풍부하고, 칼슘과 철분과 같은 무기질이 풍부하며, 식이섬유가 풍부하다. 식이섬유는 유해 콜레스테롤을 녹여서 배출해 주므로 혈압조절에 효과를 볼 수 있으며, 혈당치를 낮춰 당뇨병에 효과가 있다. 식이섬유는 변비에도 좋아 다이어트에 도움이 된다. 두릅에는 폴리페놀의 일종인 사포닌이 많이 들어 있다. 쓴맛을 내는 사포닌은 혈당 강하 및 혈중지질 저하 효과가 있다.

〜 여주

여주는 고과(苦瓜) 또는 고야로 불리기도 하며, 열매는 긴 타원형이거나 난형이며, 양 끝이 모두 좁고, 혹 모양의 도드라진 돌기가 무작위로 덮여 있다. 그 맛이 매우 쓰기 때문에 비터멜론이라고도 불린다. 쓴맛을 없애기 위하여 두부, 달걀, 햄 등과 섞어 먹는다. 여주는 비타민 C, 사포닌, 알칼로이드, 글루코사이드 등의 유용물질을 다량 함유하고 있으며, 특히 혈당 강하 기능이 있는 카란틴이라는 성분이 들어 있어 당뇨병과 비만을 예방하는 효과가 있다.

〜 돼지감자

돼지감자는 뚱딴지라고도 불린다. 돼지감자의 주요 성분은 과당(fructose)의 중합체인 이눌린(inulin)이며, 이눌린은 소화효소에 의해 분해되지 않는 식이섬유여서 대장에서 장을 활성화하고, 유익한 균에 의해 장내 균총을 개선하는 것으로 알려져 있다. 또한, 혈청 콜레스테롤 감소, 식사 후 혈당 상승 억제에 도움을 주며, 난소화성 특징 때문에 소화 흡수가 잘 안되며, 포만감을 주고, 에너지 생산량이 적어 체중감소에도 도움을 준다. 돼지감자는 쪄서 먹거나 반찬으로 조림해서 먹거나 즙을 내서 먹는다. 말린 돼지감자를 차로 마시기도 한다.

〜 동아

동아는 모양이 호박처럼 생긴 박과에 속하는 1년생 넝쿨식물로 박보다 크고 길쭉하다. 동아란 이름은 순수 우리말이다. 맛은 수박의 하얀 부분과 무의 중간 맛이 난다. 동아는 대변으로 콜레스테롤을 배출시켜 혈중 콜레스테롤 농도를 감소시켜 주며, 당뇨에 효과가 있다.

〰 마

마(산약)는 유백색이나 황갈색을 띠며 끈끈한 점질다당류를 다량 함유하고 있다. 고구마와 비슷하게 생겼지만 색깔은 감자에 더 가깝다. 성분 중 당류는 '만난'이라는 다당류로 이루어졌으며, 이는 식이섬유의 일종으로 혈당을 낮추는 작용을 한다.

키위, 오렌지, 멜론, 자몽, 수박, 복숭아, 배와 같은 과일을 적당량 먹는 것도 당뇨 예방에 좋다. 다만 같은 과일이라도 포도, 바나나, 파인애플, 망고, 사과와 같이 과당 함량이 높은 것은 주의해야 한다. 얼마 전 하버드 의과대학 연구진은 과일주스를 자주 마시면 당뇨병에 걸릴 위험이 커진다고 보고했다. 7만여 명을 대상으로 18년에 걸쳐 조사한 결과, 과일주스를 하루 한 잔씩 마실 경우 당뇨병에 걸릴 위험이 18%나 높았다. 하지만 주스가 아닌 과일 자체를 하루 3번 먹은 사람은 오히려 당뇨병에 걸릴 위험이 18% 낮아지는 것으로 밝혀졌다.

6

눈 건강을 위한
K-푸드

　'몸이 만 냥이면 눈은 구천 냥'이라는 속담처럼 눈은 우리의
몸에서 매우 소중한 부분을 차지한다. 눈은 세상을 바르게 볼 수 있
게 해주는 도구일 뿐만 아니라 신체의 건강 상태를 알려주는 신호이
기도 하다. 하지만 현대인의 눈은 매일 혹사당하고 있다. 낮에는 사
무실에서 컴퓨터 모니터를 바라보고, 밤에도 계속해서 텔레비전을
보는 등 하루 종일 인공조명 밑에서 눈을 사용하고 있다. 최근 스마
트폰과 태블릿 PC 등의 보급으로 인해 지하철이나 버스 등 이동할
때마저 우리의 눈은 쉴 틈 없이 혹사당하고 있다.

　안정피로(眼睛疲勞)는 '피로한 눈'을 말하는 의학용어로써 조
도가 불량하거나 눈부심이 심한 곳에서 장시간 눈을 사용하여 무리
가 갈 때 생기는 증상이다. 잠시 눈을 쉬게 하면 쉽게 회복되는 특성

이 있기는 하지만, 전안부의 압박감, 통증, 두통, 시력 감퇴 등의 후유증이 나타난다. 예전에는 노인이 되면 발생하던 노안이 30대 후반이나 40대 초반으로 발병 연령이 급속히 낮아지고 있는 이유 중 하나도 우리가 눈을 너무 혹사하고 피로하게 만들기 때문이다. 따라서 눈을 혹사시키지 말고 피로는 바로바로 풀어주어야 한다.

눈의 수정체(lens)는 투명한 구조물로써 빛을 통과시켜 망막에 상이 맺히게 해준다. 백내장은 수정체가 불투명해지면서 눈동자가 하얗게 변하는 질병이며 물체가 흐리게 보이는 증상이 있다. 백내장은 염증이나 당뇨에 의해서 유발되기도 하지만, 대부분 노화에 의해 진행된다.

나이가 들어가면서는 녹내장을 주의해야 한다. 황반변성증, 당뇨병성 망막증과 함께 3대 실명 원인 중 하나로 꼽히는 녹내장은 일명 '소리 없는 시력 도둑'으로 알려져 있다. 뚜렷한 자각 증상 없이 시력을 잃게 만드는 주범이다. 안구 내의 안압이 높아지면서 시신경이 손상돼 시야가 좁아지고 시력 저하를 유발하는 병이라고 할 수 있다. 백내장은 수술로 치료가 가능하지만, 녹내장은 수술로도 치료가 어려운 경우가 많다.

나이가 들어가면서 황반변성증에도 걸릴 수 있다. 망막 한복판에 있는 황반이 병변을 일으키면서 중심 시력을 상실해 사물의 한복판이 보이지 않는 병을 말한다. 황반부에는 루테인이라는 색소 성분이 많이 축적된 것으로 알려져 있다.

당뇨병이 있는 경우에는 망막증에 주의해야 한다. 망막증은 콩팥장애, 신경 손상 등과 함께 당뇨병의 3대 합병증 중 하나이다. 당뇨로 인해 기존의 혈관을 통한 영양공급이 제대로 이루어지지 못하면 새로운 혈관이 생기는데 이 새로운 혈관은 매우 약해서 출혈이 자주 일어나고 시신경의 기능을 떨어뜨려 시력이 나빠진다. 눈의 황반부에는 루테인이라는 색소 성분이 많이 축적돼 있다. 루테인은 노화로 인해 감소할 수 있는 황반색소밀도를 유지하여 눈 건강에 도움을 줄 수 있으며, 항산화력을 발휘해 활성산소로부터 눈의 기능을 보호하는 역할을 한다. 루테인은 완두콩, 케일, 시금치, 브로콜리 등에 많이 들어 있다.

〰 호박

대표적인 녹황색 채소인 호박은 중요한 비타민 공급원이다. 호박은 베타카로틴인 비타민 A를 많이 함유하고 있으며, 비타민 C도 많이 함유하고 있다. 비타민 A가 부족하면 피부가 거칠어지고 밤눈이 어두워진다. 또 비타민 A와 C는 항산화 작용에 의해서 암을 예방한다. 호박에 들어 있는 노란색의 루테인과 제아잔틴 성분은 카로테노이드의 일종으로 항암성이 뛰어나고 중년기 이후의 시력 보호에도 효과가 있다.

∼ 검은콩

검은콩의 안토시아닌 색소는 신경세포를 보호하는 효능이 있어 눈의 피로를 줄여주고, 안구건조증, 백내장 등을 예방하여 시력보호에 도움이 된다. 안토시아닌은 블루베리, 검은콩, 검은깨, 검은쌀, 적색포도, 자색고구마, 가지 등에 많이 들어 있다.

∼ 당근

비타민 A가 부족하면 야맹증과 안구건조증 등이 초래될 수 있다. 비타민 A의 전 단계 물질인 베타카로틴의 어원을 당근(carrot)에서 따왔을 정도로 당근에는 비타민 A가 많이 들어 있다. 비타민 A는 과잉 섭취하는 경우 부작용을 일으킬 수 있으나 당근에 들어 있는 비타민은 천연비타민이므로 부작용이 없다.

∼ 옥수수

황반은 빛을 인식하는 시각세포가 많이 모여 있는 곳으로 빛에 의해서 손상되지 않도록 항산화 작용을 하는 노란색의 색소인 루테인과 제아잔틴이 많이 모여 있는 곳이다. 이 때문에 루테인과 제아잔틴은 황반 색소라고 불린다. 루테인과 제아잔틴은 빛의 노출이나 나이가 들어감에 발생하는 노화를 감소시켜 시력 저하와 시각장애를 예방하는 역할을 한다. 옥수수의 노란색 부분에 많이 들어 있다.

〜 ◇ 등푸른생선

오메가-3 지방산은 고등어, 꽁치, 정어리, 참치 등의 등푸른생선, 조류(藻類), 식물 씨앗 등의 기름에 포함된 필수지방산으로 두뇌, 망막, 피부의 구성요소로 두뇌 발달, 치매 위험 저감, 혈중 중성지질 개선, 혈행 개선 등에 도움을 주는 것으로 알려져 있다. 또한, 각종 눈 질병을 막아주고 병의 진행 속도를 늦춰줄 뿐만 아니라 눈의 피로를 풀어주는 역할을 한다.

〜 ◇ 결명자

결명자(決明子)는 콩과에 속하는 1년생 결명초의 씨를 말린 것으로 간에 쌓인 열을 내려 눈의 피로 회복에 도움이 되는 것으로 알려져 있다. 결명은 글자 그대로 눈을 맑게 해준다는 뜻에서 유래되었으며, 결명자는 '천 리를 보게 한다'는 별명을 가진 눈 건강의 대표적인 식품이다. 약간 볶아서 주전자에 넣고 물을 부은 다음 끓여 차처럼 마시면 된다.

제4장 각종 질병을 예방하는 K-푸드

⌇ 시금치

시금치에는 루테인, 제아잔틴을 함유하여 노안으로 인한 시력 감퇴, 노인성 질환으로 알려진 황반변성 및 백내장을 예방하는 데도 효과적이다. 흔히들 자외선으로부터 눈을 보호하기 위해서 선글라스를 쓰는데, 시금치를 '먹는 선글라스'라고 부르기도 한다. 미국 하버드대학 연구진이 45세 이상 간호사 7만여 명을 대상으로 12년간 추적 조사한 결과 루테인, 제아잔틴을 충분히 섭취한 사람은 적게 먹은 사람에 비해 백내장 수술을 받을 확률이 22%나 낮았다고 한다.

시금치에는 비타민 A, B1, B2, B9, C 등 여러 종류의 비타민이 골고루 많이 들어 있어 '비타민의 보고'라고 불린다. 시금치 100g에는 비타민 A가 1일 권장량을 충족시키기에 충분한 0.7mg이 들어 있다. 비타민 A가 부족하면 로돕신을 만들 수 없어 어두운 곳에서 눈이 적응하기 어렵게 된다.

노화가 진행되면 가까이 있는 물체가 잘 보이지 않을 수 있다. 눈에 이상이 생기면 사회생활에도 막대한 지장을 줄 수 있기 때문에 평소 눈 건강을 소홀히 해서는 안 된다. 눈의 질환은 외형상 잘 드러나지 않거나 합병증에 의한 시력 저하 등이 나타날 수 있으므로 1년에 한 번 정도 일반검사를 받고, 필요하면 정밀검사를 받는 것이 시력을 보호하고 눈의 노화를 더디게 할 수 있는 지름길이다.

7
방광 및
신장질환과 음식

　요실금은 성인 여성의 상당수를 괴롭히는 질병으로써 방광 조절기능 상실로 인해 소변을 볼 생각이 없는데도 자신의 의지와는 상관없이 새 나오는 증상이다. 요실금의 결정적인 원인으로는 아이를 낳거나 난산 등으로 방광을 지지하는 골반 근육이 느슨해져 방광과 요도가 복압을 견뎌낼 수 없는 위치로 처지게 되거나 배뇨조직들이 손상되는 것이다. 그 밖에도 방광염, 골반부 수술이나 방사선 치료, 당뇨의 합병증, 중추 및 말초 신경질환 등이 있는 경우에 요도의 탄력성이 떨어져 방광 조절 능력이 떨어지면서 발생하게 된다.

　요실금을 줄이려면 카페인이 많이 들어 있는 커피나 차의 섭취를 줄여야 한다. 카페인은 이뇨 작용으로 인해 소변의 양을 증가시키기 때문이다. 니코틴은 방광을 자극하므로 금연하는 것이 좋다. 알

제4장 각종 질병을 예방하는 K-푸드

코올은 방광을 불안전하게 하므로 금주한다.

만성 방광염은 자주 소변이 마렵고, 소변을 볼 때 아프고, 잘 나오지 않으며, 소변을 본 후에도 덜 본 듯한 증세가 나타난다. 1년에 3회 이상 방광염이 나타나거나 그 이상 지속되어 완치되지 않는 방광염을 만성 방광염이라고 하는데, 잘못된 라이프 스타일이 가장 큰 원인이라고 할 수 있다.

만성 방광염의 경우에는 카페인이 들어간 음료, 탄산음료, 알코올, 매운 음식 등을 피하고, 물을 적게 마셔야 한다. 일반적으로 방광염은 방광의 수축을 억제하는 약물로 치료한다. 한방에서는 만성 방광염이 되면 근본적인 원인을 제거하기 위해 방광을 튼튼하게 하고 신장의 기운을 보충해 주는 방법을 사용한다.

〜 마늘의 알리신

만성 신장질환은 신장의 사구체 경화 진행, 조직의 섬유화, 사구체 여과율 감소, 신장 무게 증가 등이 주요 특징이다. 체내 산화 스트레스 및 염증반응이 증가할 경우 신장 섬유화를 유발하며, 특히 혈압이 높아지면 신장 섬유화가 촉진된다. 따라서 혈압상승 및 신장 섬유화를 동시에 예방할 수 있는 식품 섭취는 건강에 도움을 준다. 마늘에 다량 함유된 유황 화합물은 혈압상승과 신장 섬유화를 예방하는 효과가 있다고 알려져 있다.

∼ 식이섬유

변비는 방광을 압박하여 소변이 나오게 할 수 있으므로 식이섬유를 많이 섭취하여 변비를 예방한다. 요실금에는 자극적이지 않고 식이섬유가 많이 들어 있는 미역이나 다시마, 표고버섯, 곤약 등이 좋다. 미역에는 알긴산이라는 식이섬유가 많이 들어 있어 체내 수분의 흐름을 조절하는 역할을 한다. 표고버섯에는 베타글루칸이 많이 들어 있으며, 곤약에는 글루코만난이 많이 들어 있다.

∼ 알파-리포산

시금치, 브로콜리, 양배추 등의 녹황색 채소와 붉은색의 육류 및 간, 효모추출물, 견과류 등에 들어 있는 알파-리포산은 에너지를 합성하고 물질대사를 증진하며 강력한 항산화 기능이 있어 유해한 활성산소를 방어하는 역할을 한다. 요독 물질에 의하여 신장 세뇨관에서 세포가 사멸되는 것을 예방하여 신장질환을 예방할 수 있다.

∼ 오미자

오미자는 시잔드린, 고미신 등의 성분이 들어 있어 신장질환 예방에 도움이 되며, 심장을 강하게 하고, 혈압을 내리며, 면역력을 높여주어 피로 회복, 자양강장제로 쓰인다.

제4장 각종 질병을 예방하는 K-푸드

～ 산수유

산수유는 가을에 익은 산수유의 열매를 따서 씨를 뽑아내고 햇볕에 말린 것을 말하며, 예로부터 중요한 한약재로 사용되어 왔다. 맛은 시고 성질은 약간 따뜻하며, 이뇨 작용, 혈압강하 작용, 단백질 소화를 돕는 작용, 항암 작용, 항균 작용 등이 있어 자양강장제로 쓰이고, 신장을 보하며, 땀을 자주 흘리고 오줌이 조금씩 자주 나올 때, 허리 아플 때, 생리가 고르지 않을 때 사용한다.

신장질환을 예방하기 위해서는 과식하여 비만이 되지 않도록 주의해야 한다. 특히 탄수화물, 단백질, 지방을 균형 있게 섭취한다. 철분, 칼슘, 비타민 D 등 필요한 영양소 섭취를 위해서는 고기, 늙은 호박, 옥수수수염, 팥, 검은콩, 검은깨, 녹두, 오이, 유제품, 달걀, 해조류 등을 충분히 먹어야 한다. 지나친 소금 섭취는 고혈압 발생을 촉진할 수 있으므로 식단에서 소금을 줄이도록 한다. 충분한 수분 섭취를 위해 하루에 2~3리터의 물을 마시는 것이 좋다.

신장질환 환자의 경우에는 칼륨의 배설 능력이 떨어져 칼륨 양이 비정상적으로 높아질 수 있으므로 생과일보다 통조림 과일이 효과적이다. 칼륨이 풍부한 시금치, 토마토, 버섯, 호박 등의 채소는 데치거나 잘게 썰어 조리하면 칼륨의 함량을 30~50%까지 줄일 수 있다.

8
뇌를 건강하게 하는
K-푸드

우리나라 65세 이상 노인들이 가장 걱정하는 질환 중 하나는 치매이다. 우리 몸무게의 약 2~2.7%를 차지하는 뇌는 우리 몸에서 가장 중요한 기관이다. 우리 몸에 필요한 산소의 20%와 포도당의 25%를 소비하며, 심장에서 나가는 혈액의 19% 역시 뇌에서 사용한다. 치매를 예방하려면 무엇보다 뇌를 건강하게 하는 생활 습관을 유지해야 한다.

퇴행성 뇌신경계 질환의 주된 발병 원인 중 하나는 신경세포가 산화적 스트레스를 받는 것이다. 활성산소가 많아지면 산화적 스트레스가 발생하여 단백질이나 지질의 과산화가 일어나게 되고, 세포가 손상을 입게 된다.

뇌에 있는 신경전달 물질은 뇌 신경세포 사이에서 오가는 복잡한 신호들을 서로 전달해 주는 역할을 한다. 뇌의 건강을 촉진하는 중요한 신경전달 물질로는 마이오카인이 있다. 마이오카인은 운동할 때 근육에서 분비되는 세포 신호전달 단백질의 일종이다. 마이오카인은 걷기와 같은 규칙적인 운동을 하거나 근력운동을 통해서 발생하는 물질로 혈액을 타고 온몸을 돌면서 부정적인 역할을 하는 염증들을 제거한다. 카페인이나 과당의 섭취는 마이오카인의 농도를 떨어뜨릴 수 있으니 주의해야 한다. 설탕이나 과당, 정제된 곡류, 트랜스지방, 가공식품 등과 같은 염증을 일으키는 음식은 피하는 것이 좋다.

〜 비타민 B

비타민 B는 인지기능에 필요한 비타민이다. 호주연방과학원 (CSIRO)의 브라이언 박사는 비타민 B가 풍부한 식품을 섭취하면 기억력과 사고력을 증진할 수 있다고 보고했다. 브라이언 박사는 20세에서 92세의 여성을 대상으로 엽산, B6, B12 등의 비타민이 인지력에 미치는 영향을 연구한 결과 엽산의 보충으로 기억력과 기획력이 증가하고, B6의 보충으로 어휘력이 증가했다고 밝혔다. 엽산은 비타민 B9라고도 하며 효모, 간, 버섯, 오렌지, 콩류, 브로콜리와 시금치 등의 녹색 채소에 많이 들어 있다.

〜 DHA

　　DHA는 두뇌 조직의 중요한 구성성분이며, 눈의 망막을 구성하는 성분으로 시력 보호에 중요한 역할을 한다. 두뇌 지방의 약 1/3 이상은 오메가-3 지방산의 일종인 DHA로 구성되어 있다. DHA는 뇌 속에 있는 신경세포인 시냅스 생성을 촉진하고 뇌세포 활성을 촉진한다. 뇌세포의 감소를 방지하여 학습 능력이나 기억력을 향상시켜 주는 것으로도 알려져 있다. DHA는 노화가 진행되어 치매에 이르면 그 양이 현저하게 줄어든다. 그러므로 고등어, 꽁치, 청어, 정어리, 참치, 송어와 같은 등푸른생선을 일주일에 2~3회 이상 먹는 것이 바람직하다.

　　혈중 콜레스테롤 수치가 높으면 동맥경화가 진행되어 심장병이나 뇌졸중을 일으킬 가능성이 높지만, 콜레스테롤은 뇌세포를 형성하는 가장 중요한 물질 중 하나라 부족하면 민첩성이 떨어지고 기억력이 감퇴하며 정신질환에 걸리기 쉽다. 콜레스테롤 수치가 낮으면 두뇌의 세로토닌 수치도 낮아져 우울증, 불안 및 다양한 감정 질환을 일으킬 수 있다.

〜 콩

　　콩 속에 들어 있는 레시틴은 뇌의 건강과 활력에 효과가 있어 치매를 예방해 주는 효과가 있다. 달걀노른자, 콩, 청국장 등에 있는

제4장 각종 질병을 예방하는 K-푸드

레시틴은 분해되면 콜린으로 변하는데, 미국 노스캐롤라이나대학 자이젤 박사의 쥐를 사용한 실험 결과, 콜린이 뇌의 발달에 영향을 미쳐 기억력을 향상시킨다는 사실을 밝혀냈다. 신경전달 물질인 아세틸콜린을 만들어 기억력과 판단력을 향상시켜주는 것이다.

∿ 현미

현미의 씨눈에는 페놀화합물의 일종인 감마오리자놀이 들어 있다. 감마오리자놀은 뇌 혈류를 증가시켜 산소 공급을 늘리고, 뇌세포 대사 기능을 활발하게 하므로 치매 예방, 기억력 증진, 불면증 등에 효과를 인정받고 있다.

∿ 견과류

호두, 잣, 밤, 땅콩, 아몬드, 피칸 등의 견과류는 건뇌식품이라 불린다. 견과류에는 오메가-3 지방산의 하나인 리놀렌산, 수용성 식이섬유, 항산화 작용이 있는 비타민 E 등이 많이 들어 있어 뇌의 활동을 촉진해 머리를 좋게 한다. 견과류는 채소나 과일샐러드에 섞어 먹으면 좋다. 토마토, 사과, 파프리카 등을 큼직한 크기로 자른 후 견과류를 섞고 올리브오일이나 레몬주스, 요구르트를 뿌리면 견과류 샐러드가 된다.

∿ 천마

천마는 여러해살이 기생식물로 뿌리도 잎도 없으며 고구마와 비슷한 모양을 하고 있다. 천마의 맛은 맵고 독성이 없으며, 여러 연구에서 항고혈압, 항당뇨, 항염증, 항산화 효능 및 세포의 DNA 손상에 대한 보호 효과가 보고되었다. 천마의 주성분인 게스트로딘은 활성산소를 제거하는 항산화제로 기억력 강화 및 인지능력 개선에 도움을 주는 것으로 알려져 있다.

∿ 인삼

인삼 뿌리의 사포닌 성분 중 진세노사이드는 학습과 기억력 증진, 면역기능 및 노화 방지 등의 효과가 있다. 인삼 열매는 뿌리에 비해 진세노사이드의 함량이 높을 뿐만 아니라 항당뇨, 항산화, 숙취 해소 및 간보호, 인지능 개선, 항노화, 항암 작용, 혈행개선 및 성기능 개선 효과 등 다양한 생리활성 작용이 다수의 연구를 통해 확인되고 있다.

∿ 더덕

더덕은 원래 깊은 산속에서 자라는 초롱과의 다년생 식물이다. 더덕은 향이 강하여 근처에만 가도 진한 향기가 날 정도이며, 보통 가을에 뿌리를 캐어 약용이나 식용으로 이용한다. 오래된 산삼을 캐는 것이 어렵듯이 오래된 더덕을 구하기도 매우 어렵다. 예로부터 '더덕 한 뿌리를 캐 먹으면 그 자리에서 잠들어 버리며 깨어나면 힘이 솟아나고 몸이 가벼워진다'는 말이 있다. 그만큼 약효가 뛰어나다는 뜻이다.

더덕은 한국, 중국, 일본, 러시아 등의 산간 지역에서 자라지만 유일하게 우리나라에서만 음식으로 먹는다. 항산화 효과, 면역력 강화 등의 활성이 보고되었으며, 뇌신경 세포 보호 활성이 기억력 개선과 관련이 있다고 한다.

〜 돌미나리

돌미나리의 연한 부분은 채소로 이용되며, 한방에서는 해열, 이뇨 작용이 있다고 하여 황달, 수종, 소변불리, 고혈압 등의 치료에 쓰이고 있다. 민간에서는 변비, 두드러기 증상에 생즙을 내어 마시기도 한다. 돌미나리에는 퀘르세틴, 캐페롤(캠퍼롤), 이소람네틴과 같은 플라보노이드 성분이 많이 들어 있다. 이러한 성분은 신경세포의 보호 및 재생 효과가 있어 기억력 개선에 도움이 되는 것으로 보고되고 있다.

〜 생강

산화적 스트레스와 관련된 각종 퇴행성질환이 활성산소에서 기인한다는 사실은 익히 알려져 있다. 활성산소는 노화 및 관련 질병의 주요 인자로 작용한다. 생강에 들어 있는 진저롤과 같은 페놀성 화합물은 항산화 활성이 뛰어나 활성산소를 제거하여 노화 방지에 효과가 있다.

〜 녹차

활성산소와 베타 아밀로이드 단백질은 알츠하이머 발병에 큰 역할을 하는 것으로 알려져 있으며, 녹차에 함유된 카테킨과 같은 폴리페놀은 활성산소의 산화 스트레스를 개선하고, 뇌세포를 보호하는 작용을 하는 것으로 보고되어 있다. 또한, 카테킨은 치매 유발 물질인 베타 아밀로이드 펩타이드 단백질의 축적을 억제하는 효능이 있다.

〜 레스베라트롤

레스베라트롤은 포도의 껍질, 씨, 잎, 줄기, 레드와인, 땅콩, 베리류 등에 들어 있는 폴리페놀 성분이다. 시르투인에 직접 작용, 활성화해 세포의 노화를 예방하는 효과가 있다. 시르투인은 탈아세틸

제4장 각종 질병을 예방하는 K-푸드

화효소 활성을 가지는 단백질로서 뇌, 간, 신장 등 신체의 일부 조직에서 만들어지며, 세포의 노화를 억제하는 효과가 있는 것으로 알려져 있다.

뇌를 건강하게 유지하기 위해서는 어느 한 가지 식품에 의존하기보다는 항산화 효능이 우수한 과일과 채소를 많이 섭취하는 식습관을 가져야 한다. 이런 식습관은 혈관을 건강하게 하여 고혈압, 당뇨, 고지혈증 등의 생활습관병을 예방하고, 뇌 조직의 손상을 줄이는 데 도움이 된다.

9
빈혈과
음식 관리

우리 몸에 영양이 부족하면 가장 흔히 찾아오는 증상이 바로 빈혈이다. 우리 몸의 혈액 중 적혈구에 들어 있는 헤모글로빈은 산소를 운반해 주는 역할을 하는데, 헤모글로빈이 감소하면 신체 각 장기로의 산소운반 능력이 떨어져 빈혈이 된다.

빈혈이 생기면 헤모글로빈의 양이 모자라 입술, 얼굴, 살갗 등이 창백해지고, 항상 피곤하고 화를 잘 내며, 집중이 안 되고, 손발이 차가워지며, 식욕을 잃는다. 피곤함, 졸림, 두통, 숨이 차는 현상, 창백한 얼굴 등이 나타나거나 어지럼증이 나타나면 빈혈을 의심해야 한다. 노년에 빈혈이 생기면 치매가 심해지기도 한다. 빈혈로 뇌에 산소 공급이 부족해지면 신경세포가 손상돼 인지기능의 저하를 유발할 수 있기 때문이다.

제4장 각종 질병을 예방하는 K-푸드

어떤 영양소가 부족하면 빈혈이 될까? 건강한 혈액을 만들고 유지하는 데는 여러 가지 무기질과 비타민이 필요하다. 그중에서도 철분이나 비타민 B12, 엽산 등이 부족하면 빈혈이 생긴다.

〰 철분

철분 결핍에 의한 빈혈은 노인들에게 흔히 발생한다. 철분은 고기나 생선, 달걀, 굴, 간에 많이 들어 있으며, 사과나 바나나와 같은 과일, 감자, 토마토, 시금치와 같은 녹색 채소류, 콩류, 견과류, 도정하지 않은 곡류 등에 많이 들어 있다. 성인 남성은 하루에 12mg의 철분이 필요하지만, 10대부터 40대까지의 여성들은 하루에 16mg의 철분이 필요하다. 식품 100g에 들어 있는 철분 함량은 소간 5mg, 쇠고기 2.2mg, 콩 2.5mg, 멸치 12mg, 참치 2mg, 달걀 1.9mg 이다.

철분은 우리 몸에서 흡수가 잘 안되어 섭취한 철분의 약 10% 정도만 흡수되는 것으로 알려져 있다. 특히 식물성 식품에 들어 있는 철분의 흡수율은 매우 낮다. 과일이나 채소, 콩류나 곡물 등 식물성 식품의 철분은 약 5% 정도만 흡수되고, 고기나 생선에 들어 있는 철분은 15% 정도 흡수된다.

∼ 굴

굴이 빈혈에 좋다는 것은 그만큼 굴에 철분이 많이 들어 있기 때문이다. 굴은 100g당 철분을 6mg 정도 함유하고 있으며 이는 쇠고기, 돼지고기의 2배 정도이다. 철분은 헤모글로빈을 형성하는데 필요한 무기질로 산소를 운반하는 역할을 하며, 부족하면 빈혈에 걸린다.

∼ 매생이

매생이는 파래처럼 생긴 푸른색의 녹조류다. 매생이란 이름은 '생생한 이끼를 바로 뜯는다'라는 의미의 순수한 우리말이다. 주로 겨울철에 맛볼 수 있는 별미로 유명하며, 남해안의 깨끗한 청정해역에서만 자라는 남도 지방의 특산물이다. 매생이는 철분과 칼슘이 많이 들어 있어 빈혈과 골다공증 예방에 좋다. 생 매생이의 철분 함량은 100g당 18.3mg, 칼슘은 100g당 91mg으로 많다. 생굴과 매생이를 넣어 끓인 매생이굴국은 겨울철에만 먹을 수 있는 별미이다.

∼ 시금치

시금치 100g에는 2.5mg의 철분이 들어 있어 빈혈증 치료에 좋다. 시금치는 안색이 나쁘고 피부의 윤택이 없으며 나른하고 가슴이 두근거리거나 항상 불안해하는 사람, 발육기의 어린이 또는 임신부에게 좋은 식품이라 할 수 있다. 강장보혈의 효과도 있어서 기운이 없을 때 힘이 나게 해준다. 빈혈로 뇌에 산소 공급이 부족해지면 신경세포가 손상돼 인지기능 저하를 유발하므로 치매로 이어질 수 있다. 민간요법에서는 빈혈을 치료하기 위해 시금치를 기름에 볶아먹는다.

〜 미나리

미나리는 크게 물미나리와 돌미나리로 구분된다. 물미나리 100g에는 0.4mg의 철분이 들어 있고, 돌미나리에는 100g당 2mg 정도 들어 있어 빈혈증 예방에 좋은 식품이다. 따라서 돌미나리는 시금치와 마찬가지로 안색이 나쁘고 피부의 윤택이 없으며 나른하고 가슴이 두근거리거나 항상 불안해하는 사람, 발육기의 어린이 또는 임신부에게 좋은 식품이라 할 수 있다.

〜 비타민 C

비타민 C는 철분의 흡수를 도와주는 것으로 알려져 있다. 따라서 철분의 흡수력을 높이려면 비타민 C가 풍부한 딸기, 감귤, 브로콜리, 양배추 등을 함께 먹는 것이 좋다. 녹차와 커피의 타닌 성분이 철분의 흡수를 방해하므로 빈혈이 있는 경우 차와 커피는 식사 후 한 시간 이내에는 마시지 않는 것이 좋다.

〜 비타민 B

빈혈을 예방하려면 무엇보다 비타민 B12와 엽산이 필요하다. 비타민 B12는 고기, 우유, 달걀 등 동물성 식품에만 존재하므로 채식주의자에게 부족하기 쉽다. 달걀이나 유제품을 먹는 채식은 괜찮지만, 동물성 식품을 완전히 배제하는 채식주의자들은 비타민 B12 결핍증에 걸릴 수 있다. 어른의 경우 결핍증에 걸리기까지 적어도 몇 년의 시간이 걸리지만, 어린아이들은 비교적 짧은 기간 내에 결핍증이 발생할 수 있다. 비타민 B12 결핍이 계속되면 악성빈혈이 된다. 참고로 알코올은 비타민의 흡수를 저해하는 가장 큰 요인이다.

엽산은 시금치, 브로콜리 등의 녹색 채소와 효모, 간, 버섯, 오렌지, 콩류 등에 많이 들어 있다. 엽산은 조리 과정에서 많게는 90% 가까이 파괴되는 것으로 알려졌다. 또한, 엽산은 수용성 비타민으로 쉽게 몸 밖으로 배출되므로 수시로 보충해 주어야 한다. 치아가 나빠 날것으로 먹지 못하고 익혀 먹거나 항암제, 피임약, 수면제 등 약을 많이 복용하면 엽산의 흡수가 저해되고, 나이가 들어감에 따라 갈수록 어려워진다.

빈혈이 생기면 종종 어지럼증을 느낄 수 있다. 그러나 어지럼 증이 있다고 해서 반드시 빈혈과 관련 있는 것은 아니므로 전문의와 상담하고 검사를 받아야 한다. 어지럼증의 원인은 의학적으로 매우 복잡하며, 가장 많은 원인으로는 순환기계 및 신경계 질환인 경우가 많다. 고혈압이나 저혈압으로 인해 생기는 어지럼증은 순환기계에서 오는 어지럼증이다. 자리에서 일어날 때 어지러움을 느끼는 것은 기 립성 저혈압으로 일시적으로 뇌에 혈액 공급이 감소하여 생기는 생 리현상의 하나이다. 따라서 혈압을 검사할 필요가 있다.

　　일반적으로 빈혈은 소화 흡수 기능이 좋지 않고, 혈액순환이 좋지 않은 사람에게서 많이 나타나는 증상으로 이는 체내에서 영양 공급의 균형이 깨진 상태라 볼 수 있다. 빈혈이 생기면 적당한 육류 와 녹황색 채소를 자주 섭취하고, 혈액검사, 소변검사 등을 통해 원 인을 찾아내 교정하는 것이 중요하다. 우리가 먹은 음식을 잘 소화·흡수시켜 그 영양 물질을 혈액순환에 의해 온몸에 잘 공급해 준다면 빈혈은 나타나지 않을 것이다.

10
전립선 건강과
K-푸드

    요즈음 전립선질환으로 고생하는 환자들이 늘어가고 있다. 그들의 식생활을 살펴보면 대부분 고기를 좋아하는 탓에 매 끼니 육식 위주의 식단을 차린다거나 술을 좋아해서 매일 저녁 술을 마시고 담배를 피우는 경우가 많다. 그러므로 남성은 40대부터는 전립선비대증에 대한 관리가 특별히 필요하다.

    전립선은 '전립샘'이라고도 하며, 남자의 방광 바로 밑에 위치한다. 밤톨 정도의 크기에 15~20g의 무게로 상부 요도를 둘러싸고 있다. 전립선질환으로는 전립선염, 전립선비대증, 전립선암 등이 있다. 전립선에 염증이 생기는 전립선염은 성인 남성의 약 50%가 평생 한 번쯤은 경험한다고 할 정도로 흔한 질환이다. 전립선염은 전립선 자체에 염증이 생기고 고름과 피가 나오기도 하며 빈뇨, 야간뇨,

배뇨통이 있으며, 소변이 쉽게 나오지 않고 잔뇨감이 있다.

전립선비대증은 전립선이 커지고 덩어리를 이루면서 요도와 방광경부를 압박하는 질환이다. 전립선비대증은 통증이 거의 없으며, 회음부에 불쾌감이나 빈뇨 등의 증세가 있다가 심해지면 방광에 잔뇨가 남아 확장되고 요실금까지 일으킨다.

남성 전립선암의 발병률은 2021년 기준으로 폐암, 위암, 대장암에 이어 4번째(13.0%)를 차지하고 있다. 전립선암 발생률은 지난 10년 동안 약 32%가 증가한 것으로 보고되고 있다. 전립선암은 자각 증상이 나타나지 않고 진행 속도가 매우 느려 자신이 전립선암에 걸렸는지조차 모르는 경우가 많다. 전립선암에 의해 요도나 방광이 압박을 받게 되면 소변을 자주 보거나 소변에 혈액이 섞여 나온다.

전립선질환을 예방하는 데는 생활 습관이 중요하다. 규칙적인 생활을 하고 충분한 휴식을 취한다. 스트레스를 해소하고 술, 커피, 담배를 최대한 자제한다. 오래 앉아 있는 것을 피하고, 매일 30분 이상 규칙적인 운동을 할 필요가 있다.

당뇨, 고혈압, 고지혈증, 복부비만은 전립선질환에 걸릴 위험을 증가시킨다. 특히 복부비만인 경우 전립선암에 걸릴 위험이 매우 높아진다. 최근 대한 비뇨기종양학회가 우리나라 40대 이상 남성 42만여 명의 10년간 건강 기록을 토대로 체질량지수와 전립선암 발병 간의 상관관계를 살펴본 결과, 비만인 남성은 전립선암에 걸릴 위험이 1.2배 더 높았다고 보고했다. 최근 육류의 소비가 늘어나면서 지방분의 섭취도 증가하고 있다. 따라서 전립선의 건강을 위해서는 육식을 줄이고 채식 위주의 식생활을 해야 한다.

〜 토마토

토마토에는 라이코펜, 쿠마릭산이라는 항암성분이 들어 있다. 토마토의 황적색 성분은 당근이나 다른 채소류의 붉은색에 들어 있는 베타카로틴과는 다른 성분으로 라이코펜이라고 한다. 라이코펜은 강한 산화방지력을 지니고 있어 LDL-콜레스테롤이 산화되는 것을 방지하여 동맥경화를 예방하며, 면역력을 강화하고, 전립선암, 위암, 폐암, 췌장암을 예방하는 것으로 알려져 있다. 라이코펜은 열에 강한 성질이 있어 기름 요리에 이용하면 흡수율을 높일 수 있다.

〜 포도

포도나 와인에 들어 있는 폴리페놀은 암세포의 성장을 막고 소멸을 촉진한다. 포도에는 폴리페놀뿐만 아니라 레스베라트롤이라는 성분도 들어 있는데, 이 성분은 플라보노이드 계통으로 혈중 콜레스테롤 함량을 낮춰 동맥경화는 물론 다른 심장질환을 예방하는 효과가 있다. 레스베라트롤은 포도뿐만 아니라 오디, 땅콩, 베리류에서도 발견된다.

제4장 각종 질병을 예방하는 K-푸드

〜 마늘

　　마늘에 많이 들어 있는 알리신은 전립선암과 전립선염의 예방과 치료에 도움이 되는 것으로 알려져 있다. 양파에 들어 있는 퀘르세틴은 모세혈관을 보호하여 혈액의 흐름을 좋게 하고, 좋은 콜레스테롤인 HDL-콜레스테롤의 함량을 높이는 효과가 있다.

〜 콩

　　콩에는 사포닌을 비롯한 아이소플라본, 제니스틴과 같은 성분이 많이 들어 있다. 이 성분들은 항산화 작용과 소염작용을 가지고 있어 전립선암이나 전립선염 개선에 도움이 된다.

〜 녹차

　　녹차는 강력한 항산화제로 작용하여 전립선암의 발생을 억제한다. 녹차의 카테킨 성분은 전립선암 및 위암 세포를 세포고사로 유도한다. 세포고사는 암세포의 사멸에 중요한 역할을 하여 암을 예방한다.

～ 울금

울금에 들어 있는 커큐민은 강력한 산화방지제로 염증을 완화하고 치매와 암을 포함한 여러 질병의 예방과 치료에 도움이 된다고 보고되어 있다. 울금 추출물은 항염증 효과로 인하여 전립선비대증의 유발이나 억제에 효과가 있다고 보고되었다. 1990년 초반부터 커큐민이 새로운 암의 형성을 둔화시킨다는 사실이 알려지기 시작했으며, 그 후 세계의 여러 과학자가 커큐민이 암세포의 영양분과 산소 공급을 방해한다는 사실을 밝혀냈다. 커큐민이 많이 함유되어 있는 카레를 섭취하거나 울금을 생강차처럼 끓여 차로 음용해도 좋다.

～ 오미자

오미자는 잘 익은 열매를 약용으로 사용한다. 세포의 증식과 사멸의 균형이 무너짐에 따라 조직의 병리적 증식이 증가하는 과정은 전립선비대증에서 역시 동일하게 관찰되는 현상이다. 오미자는 전립선 세포의 노화, 세포증식, 세포사멸에 미치는 영향이 확인되어 전립선비대증 치료 약물로써 활용 가능성이 보고된 바 있다.

제4장 각종 질병을 예방하는 K-푸드

11

갱년기 증상을
완화시켜 주는 K-푸드

'세월에는 장사가 없다'는 말이 있다. 40~50대 여성이 이유 없이 우울하고, 얼굴이 화끈 달아오르고, 순식간에 온몸이 땀으로 흠씬 젖어들 때가 있다. 갑자기 짜증을 많이 내거나 예민해지기도 하고, 쉽게 흥분하며, 감정이 수시로 변해 불안한 모습을 보인다면 갱년기가 아닌지 의심해 보아야 한다.

우리나라 여성의 경우 약 50세 전후에 폐경이 되고, 폐경을 5~10년 앞둔 시점부터 난소의 기능이 서서히 약해지기 시작한다. 여성호르몬은 여성의 생리적 기능과 아름다움을 유지하는 데 중요하다. 그런데 갱년기는 여성호르몬을 제대로 만들어내지 못하기 때문에 호르몬의 균형이 깨지면서 가슴 두근거림, 우울증, 안면 홍조, 피부건조, 신경과민, 기억력 감소, 관절통, 골다공증, 식은땀을 흘리는 등의 신체적, 정신적 변화가 나타난다. 남성들도 50대 전후부터 갱년기가 발생한다. 주된 증상으로 피로감을 쉽게 느끼고, 기억력 저하, 우울증, 근력 저하, 체지방 증가, 뼈가 약해지는 등의 문제가 생긴다. 갱년기 증상을 완화해주는 음식으로 어떤 것들이 있을까?

∼ 석류

갱년기 증상을 완화해 주는 음식으로는 석류가 유명하다. 석류에는 천연 에스트로겐 성분이 많이 들어 있어 여성의 젊음과 건강을 유지하는 데 도움이 된다. 석류는 에너지 대사에 필요한 비타민 B1, B2, B3, C, 혈액 정화와 순환 작용에 매우 효과적인 마그네슘, 칼륨 등의 미네랄을 균형 있게 함유하고 있다.

∼ 칡

칡은 땀이 나지 않고 가슴이 답답하고 갈증이 날 때 먹으면 땀을 내고, 열을 내리게 하며, 갈증을 해소하는 작용이 있다. 칡에는 다이드제인, 푸에라린과 같은 플라보노이드계 화합물 계통의 항산화 물질이 들어 있어 각종 성인병 예방에 좋다. 칡차는 위장병에 효과가 있으며, 다이드제인이라는 물질이 들어 있어 골다공증 치료에 효능이 있고, 신경을 진정시키는 성분이 있어 수면제 역할을 한다.

제4장 각종 질병을 예방하는 K-푸드

〜 홍삼

우리나라에서 팔리는 건강기능식품의 약 40%를 차지할 정도로 인기가 있는 홍삼은 수삼을 증기로 쪄서 건조한 것으로 항암, 항당뇨, 항스트레스, 노화 억제, 뇌 기능 감화, 간 기능 보호, 위장 기능 강화, 빈혈 회복, 피로 회복, 혈액순환 개선, 면역기능 강화, 소염작용 등의 다양한 효능이 있다.

〜 달맞이꽃

달맞이꽃은 이름 그대로 해가 지고 난 이후에 달빛 아래서 피는 꽃이다. 달맞이꽃 종자유에는 감마리놀렌산이 많이 함유되어 있는데, 이 감마리놀렌산은 혈중 콜레스테롤을 저하시켜 주고, 노화 예방, 월경 중 두통, 신경증, 우울증 등 소위 월경 전 증후군 예방, 류머티즘성 관절염의 완화에 좋은 것으로 밝혀져 있다.

〜 포도씨유

포도씨유는 페놀화합물과 카테킨 성분이 많아 천연 항산화제로 이용되고 있다. 예로부터 해열, 소염, 이뇨, 해독 및 혈압저하 작용, 신경쇠약에서 일어나는 두통에 효과가 있는 것으로 알려져 있다.

〰 국화차

명나라 의학서인 『본초강목』에는 '국화차를 오랫동안 복용하면 혈기에 좋고 몸을 가볍게 하며, 쉬 늙지 않고, 위장을 편안하게 하고, 감기, 두통, 현기증 등에 효과가 있다'라고 기록되어 있다.

갱년기 증상을 극복하기 위해서는 영양의 불균형이 오지 않도록 건강한 생활 습관을 꾸준히 유지해야 한다. 일찍 자고 일찍 일어나며, 과로를 피하고, 적절한 운동을 통해서 신체의 기능을 회복해야 한다. 산책이나 맨손체조, 수영, 에어로빅 등의 운동을 꾸준히 하면 갱년기에 나타나는 여러 가지 증상과 우울증의 예방에 큰 도움이 된다. 특히 요가나 필라테스는 몸의 근육을 이완시켜 주고, 혈액순환에 도움이 된다.

제4장 각종 질병을 예방하는 K-푸드

12

뼈 건강에 좋은
장수 음식

　세계적으로 유명한 장수마을의 건강 비결은 쉴 새 없이 몸을 움직이는 것이라고 한다. 그러나 몸을 움직이려면 무엇보다 뼈가 튼튼해야 한다. 뼈가 튼튼하지 못하면 움직임에 어려움이 있고, 제대로 움직이지 못하면 오래 살지 못한다.

　골다공증은 뼈의 양이 감소하고, 뼈의 강도가 약해져서 골절이 일어날 가능성이 높은 상태를 말한다. 나이가 들어감에 따라 각종 호르몬 분비에 변화가 찾아온다. 뇌하수체를 통해서 분비될 수 있는 호르몬은 10대 후반에 최고조에 달했다가 40세부터 서서히 감소한다. 여성들은 대략 45세에서 55세 사이에 난소에서 분비되는 에스트로겐의 양이 감소하는데, 이때부터 뼈의 칼슘 함량도 감소한다. 따라서 골다공증은 폐경 이후 여성에게 찾아오는 대표적인 질환이다.

여성은 남성에 비해 골다공증에 걸릴 확률이 6~8배 이상 높다. 남성 호르몬의 분비가 저하되면 남성도 여성과 마찬가지로 골밀도가 낮아진다.

운동 부족, 스트레스, 흡연, 음주, 과다한 염분이나 카페인 섭취, 까다로운 입맛, 장염 등으로 영양 섭취를 충분히 하지 못하면 뼈의 생산량이 적게 형성되거나 뼈의 성분이 빠져나가면서 골다공증이 발병하게 된다.

골다공증을 예방할 수 있는 필수영양소로는 칼슘과 비타민 D를 꼽을 수 있다. 칼슘은 우리 몸에서 체중의 약 2%를 차지하여 무기질 중 가장 많이 존재하며 주로 뼈와 치아에 들어 있다. 뼈는 한 번 형성되면 콘크리트처럼 정적인 것으로 생각하기 쉬우나, 계속 칼슘이 빠져나오고 다시 보충되어야 한다.

매년 약 20%의 뼈가 새로 만들어지는데, 나이가 들어가면 점점 몸 안의 칼슘량이 줄어든다. 흡수력이 떨어지고 몸에서 계속 빠져나가기 때문이다. 또한 운동량이 줄어들고 누워있는 시간이 많아지면 칼슘이 뼈에서 많이 빠져나간다. 스트레스가 쌓이면 배설량이 더 많아진다. 부족하면 불안해지고, 짜증을 내며, 우울증에 걸리기 쉽다.

～ **칼슘**

칼슘이 많이 들어 있는 식품으로는 우유, 멸치, 치즈, 요구르트, 굴, 조개 등 동물성 식품과 브로콜리, 시금치와 같은 녹색 채소류 그리고 콩, 두부, 참깨, 미역과 다시마와 같은 해조류 등 식물성 식품이 있다. 식품 100g당 칼슘 함량은 말린 멸치 2,486mg, 굴 428mg, 조개 166mg, 우유 89mg, 말린 미역 1,109mg, 말린 콩 260mg, 생굴 157mg, 생시금치 66mg 등이다.

부족한 칼슘을 보충하기 위하여 칼슘 보충제를 섭취하는 경우가 있다. 하지만 칼슘 보충제 하나만으로 골다공증을 예방하기에는 역부족이다. 칼슘이 흡수되어 뼈가 형성되기 위해서는 단백질과 인, 마그네슘, 실리콘, 아연 등 미네랄, 비타민 D, K2 등이 필요하다.

뼈는 단백질, 칼슘, 인의 결정이 침착되어 형성된다. 인은 칼슘과 상호 의존적이어서 둘이 같이 있으면 흡수도 잘되고 활발하게 활동할 수 있다. 인은 청량음료, 고기류, 달걀, 콩류, 견과류, 도정하지 않은 곡물 등에 들어 있다. 그러나 인을 지나치게 많이 섭취하면 칼슘과 결합하여 오히려 몸 밖으로 칼슘을 배출하는 작용을 한다. 인이 많이 들어 있는 청량음료를 많이 마시면 골다공증에 걸리기 쉽다는 것은 이런 이유이다. 카페인 또한 칼슘의 흡수를 방해하기 때문에 커피를 지나치게 많이 마시는 것은 자제하는 게 좋다.

〰 비타민 D

비타민 D는 칼슘의 흡수를 돕고 뼈에 칼슘을 침착시키는 역할을 하는 비타민으로 버섯, 어류, 달걀 등에서 섭취할 수 있다. 또한, 햇볕을 쬐면 피부밑에서 생성되므로 지속적으로 일광욕을 하여야 한다. 비타민 D를 '햇볕 비타민'이라고 부르는 이유도 이 때문이다. 최근 영국 런던 킹스칼리지의 리처드 박사는 "비타민 D가 부족한 사람들은 생물학적으로 최대 5년이나 더 늙는다. 사람들은 햇볕을 더 쬐야 하며, 아울러 어류, 달걀 등 비타민 D가 풍부한 음식을 먹어야 한다"라고 보고했다. 장수마을에서 노인들이 햇볕을 쬐며 일을 하거나, 마을의 광장에 나와 지내는 것도 이를 입증하는 셈이다.

〰 비타민 K

비타민 K는 비타민 K1과 K2로 나눌 수 있다. K1은 주로 녹색식물에 많이 들어 있으며, 간에서 혈액응고에 중요한 기능을 한다. 반면 K2는 주로 발효음식과 치즈, 닭고기, 달걀 등에 들어 있으며, 칼슘이 단백질과 잘 결합할 수 있도록 도와주는 역할을 하여 뼈 건강에 중요한 역할을 한다.

〰 콩

콩은 플라보노이드의 한 종류인 식물성 천연 에스토로겐을 함유하고 있으며, 뼈의 손실을 적게 하는 기능이 있어 골다공증을 예

제4장 각종 질병을 예방하는 K-푸드

방하는 효과가 있다. 장수인들이 많이 먹는 음식 중 하나가 바로 콩으로 만든 음식이다.

〜 돌미나리

돌미나리는 혈압강하, 해열, 진정, 변비 예방 등에 좋고, 항균 작용과 고혈압에도 효과가 있는 것으로 알려져 있다. 돌미나리에 들어 있는 이소람네틴은 생쥐의 골수에서 파골세포 형성과 골 흡수를 억제하여 골다공증을 예방하는 효과가 있다고 보고되었다.

〜 발효식품

뼈가 건강해지려면 장이 튼튼해야 한다. 뼈 건강에 필요한 영양소를 충분히 섭취하더라도 장에서 흡수가 이루어지지 않으면 아무 소용이 없기 때문이다. 청국장, 요구르트, 김치, 피클 등 발효식품은 뼈 건강에 필요한 영양소를 분해하고 흡수를 도와주는 유익한 미생물들을 많이 포함하고 있어 뼈 건강에 도움이 된다.

13

호흡기질환 예방에
도움이 되는 K-푸드

    최근 들어 고농도 미세먼지로 불안과 고통이 지속되고 있으며, 호흡기질환 환자가 꾸준히 늘고 있다. 미세먼지는 지름이 $10\mu m$(마이크로미터)보다 작고, $2.5\mu m$보다 큰 입자의 먼지를 말한다. 초미세먼지는 지름이 $2.5\mu m$ 이하다. 미세먼지는 세계보건기구(WHO)가 지정한 1군 발암 물질이다.

    미세먼지는 입자가 매우 작아 한 번 유입되면 체외 배출이 어려우며, 폐나 기관지 등에 유입되면 해당 유해 요인이 염증을 유발, 호흡기질환이 발생하거나 악화시킨다. 미세먼지로 인한 사망률도 나날이 증가한다는 각종 연구 보고가 있다. 중국 질병통제예방센터와 푸단대학 공동 연구진이 중국 내 272개 도시에서 대규모 조사를 진행한 결과 미세먼지 농도 증가와 사망률 사이 연계성을 보고했으며,

미세먼지 농도가 $10\mu g/m^3$ 증가할 때마다 사망률이 0.22%씩 올랐다고 밝혔다. 또한, 호흡기질환 사망률은 0.29%, 만성폐쇄성폐질환(COPD) 사망률은 0.38%씩 증가했다고 밝혔다. 폐암 발병 위험도 높아서 초미세먼지 농도가 $10\mu g/m^3$ 증가할 때 폐암 발생률은 9% 높아졌다.

호흡기질환은 기도, 기관지 및 폐에 만성적인 염증을 유발하는 질환으로 감기, 기관지염, 폐렴, 결핵, 폐암 등이 대표적이다. 현대인에게 호흡기질환을 유발할 수 있는 가장 큰 요인 중 하나는 미세먼지라고 할 수 있다. 미세먼지는 입자가 매우 작아 한 번 유입되면 체외 배출이 어려우며, 폐나 기관지 등에 유입되면 염증을 유발, 호흡기질환을 발생하거나 악화시킨다.

호흡기질환 중 하나인 만성폐쇄성폐질환은 유해한 입자나 가스가 기관지와 폐에 흡입되어 비정상적인 염증반응이 일어나면서 이로 인해 점차 폐 기능이 저하되고 호흡곤란이 일어나는 질환이다. 만성폐쇄성폐질환 증상이 나타나면 잦은 기침과 심한 호흡곤란으로 굉장히 괴로우며, 말기에는 심장의 기능에도 영향을 미쳐 결국 사망에 이르게 되는 심각한 질병이다. 세계보건기구에 따르면 이 질환으로 전 세계에서 10초에 한 명씩 사망하며, 세계 사망원인 4위에 올라 있다. 우리나라에서도 사망원인 7위에 올라있으며, 만성폐쇄성폐질환 환자가 약 300만 명에 이른다는 보고도 있다. 공기오염이 심한 중국에서는 미세먼지로 인한 사망자가 급증하여 매년 약 100만 명이 호흡기질환으로 사망한다고 한다.

만성폐쇄성폐질환의 약물요법은 증상을 예방하고 완화하며, 증상 악화의 빈도와 정도를 감소시켜 건강 상태를 개선하고, 운동 지구력을 향상시킨다. 하지만 현재 만성폐쇄성폐질환에 사용되는 어떤 약제도 폐 기능이 장기간에 걸쳐 계속 감소하는 것을 완화시키지는 못한다. 만성폐쇄성폐질환과 같은 호흡기질환 예방에 도움이 되는 식품으로는 어떤 것들이 있을까?

∿ 더덕

더덕은 한방에서는 강장제, 진해거담제 등으로 사용하고 있다. 더덕의 약효는 인삼과 마찬가지로 사포닌이라는 성분 때문이다. 사포닌은 물에 녹으면 거품을 일으키는 물질로써 위를 튼튼하게 하고 폐 기능을 원활하게 하여 기침을 멎게 하고 가래를 삭여주는 역할을 한다. 그래서 더덕은 기관지염, 편도선염, 인후염 등 호흡기질환에 좋은 식품으로 알려져 있다.

∿ 도라지

도라지에 들어 있는 사포닌 성분은 동물실험에서 거담, 진해, 기관지염, 호흡곤란, 편도선염 등 염증성 호흡기질환뿐만 아니라 혈

제4장 각종 질병을 예방하는 K-푸드

당 강하 작용, 콜레스테롤 대사 개선 작용, 면역증강 작용, 항산화 및 항암 효과 등 다양한 약리작용을 갖고 있는 것으로 밝혀지고 있다.

〜 인진쑥

인진쑥은 국화과 쑥속에 속하는 초본형 낙엽관목으로 겨울에 죽지 않고 이듬해 줄기에서 다시 싹이 나온다고 하여 사철쑥 또는 더위지기라는 이름으로 불리고, 특이한 냄새가 있으며 맛은 조금 쓴 편이다. 인진쑥은 간 기능 개선, 소화불량 개선, 혈액순환 개선, 항암 효과, 변비 해소, 숙취 해소, 면역력 강화를 위해서 한방에서 사용되고 있는 약재이다. 최근 동물실험 결과 인진쑥 추출물이 폐조직 손상을 억제한다고 보고된 바 있다.

〜 질경이

질경이에 들어 있는 플란타기닌 성분은 호흡 및 중추신경에 작용하여 호흡기 운동을 깊게 하거나 느리게 하는 작용을 하여 기침을 멎게 하고, 체내 분비신경을 자극하여 기관이나 기관지 점액의 분비를 촉진하는 역할을 하는 것으로 알려져 있다.

~ 백합구근

백합의 비늘줄기인 구근은 뿌리의 윗부분으로 모양이 둥글고 흰색이며, 비늘조각 모양으로 붙어있으며, 쿠마르산, 페룰산 등의 항산화 물질이 들어 있어 염증성 질환, 호흡기질환, 관절염 등의 예방에 효능이 있는 것으로 보고되고 있다. 먹는 풍습은 한국, 중국, 만주, 시베리아, 일본 등에 있다. 중국에서 백합구근은 전통 한약재로 천식, 기관지염, 축농증 등의 증상 완화 및 빠른 치료에 사용되어 왔다. 중국의 고서인『본초강목』에는 백합구근이 폐를 윤택하게 하여 기침을 재우고, 심장에 영향을 주며, 신경을 부드럽게 하고, 기관지염, 진통 및 신경통 등의 치료에 사용되었다고 나온다.

~ 백년초

백년초는 국내에서 재배되는 대표적인 선인장으로 사람의 손바닥을 닮아서 '손바닥선인장'으로도 불린다. 기온이 따뜻한 제주도와 남해안 일대에서 재배되고 있다. 예로부터 소염제나 해열제로 사용되어 왔으며, 연구자료에 의하면 소염, 진통 작용, 항산화 작용, 항당뇨 작용 등의 효과가 있는 것으로 보고되어 있다. 사포닌 성분이 풍부하여 미세먼지에 의한 호흡기 염증을 개선하는 것으로 보고되고 있다.

〜 붉은과육오렌지

붉은과육오렌지는 크기가 작고 속이 붉은색을 띠는 것이 특징이다. 붉은색을 띠는 이유는 안토시아닌 색소 때문이다. 붉은과육오렌지 추출물은 공기오염에 의한 산화적 손상으로부터 우리 몸을 보호할 뿐만 아니라 흡연으로 인한 세포의 손상을 줄일 수 있다고 보고되어 있다.

〜 배

배는 한방에서 가슴이 답답한 증상, 풍열, 기침에 효과가 있는 것으로 알려져 있다. 배에는 플라보노이드의 일종인 루테올린이라는 성분이 들어 있는데, 이 성분은 기침이나 가래를 멎게 하는 작용을 한다. 수분 함량이 많아서 목을 부드럽게 해주며 해독작용이 뛰어나기 때문에 술 먹은 다음 먹으면 숙취 해소에도 도움이 된다. 또한, 소화효소도 들어 있기 때문에 과식을 한 후 배를 먹으면 속이 편해지는 것을 알 수 있다.

〜 모과

모과는 한방에서 감기, 기관지염, 폐렴 등을 앓아 기침을 심하게 하는 경우에 쓰이며, 음식물의 소화를 돕고, 설사 뒤에 오는 갈증을 멎게 해주는 효능이 있으며, 폐를 튼튼하게 하고, 위를 편하게 해주는 것으로 알려져 있다.

모과의 플라보노이드 화합물은 건강 개선 인자로 작용한다. 모과는 천식이나 기관지질환이나 폐질환 등 호흡기질환에 좋은 것으로 알려져 있다. 모과 추출물은 염증성 사이토카인의 발현을 억제하여 호흡기 기능 강화 및 호흡기질환 개선에 효과가 있는 것으로 보고되고 있다.

〰 진피

진피는 약용으로 널리 사용되는데, 성질이 따뜻하고 냄새는 자극성이 있는 특이한 향이며 맛은 맵고 쓰다. 비장의 기능을 강화해주고, 소화불량과 복부팽만에 효능이 있으며, 해수와 가래를 없애주고 이뇨 작용을 돕는다. 기관지염이나 기도염에 쓰면 가래를 없애주고 기도를 확장하므로 호흡이 편해진다고 한다.

〰 비타민 D

비타민 D는 부족한 사람이 섭취하면 폐에서 자연항생 물질인 항균펩타이드를 증가시켜 호흡기 감염을 차단하는 것으로 보고되고 있다. 특히 흡연자는 비타민 D가 결핍되면 호흡기 증상이 악화할 수 있다는 연구 결과가 있다.

〜 단일불포화지방산과 오메가-3 지방산

　　최근 올리브오일, 오메가-3 지방산을 함유한 식품의 생리활성이 미세먼지의 피해를 줄여줄 수 있는 것으로 보고되고 있다. 단일불포화지방산이 많이 들어 있는 올리브오일은 항산화 작용이 뛰어나 혈액을 맑게 하고 혈관을 깨끗하게 해주며, 등푸른생선, 참기름, 들기름 등에 많이 들어 있는 오메가-3 지방산은 혈액순환을 돕고 혈관의 염증을 가라앉혀 준다.

　　어느 질환이나 마찬가지로 호흡기질환도 예방과 조기 발견이 중요하며, 식품으로 치유하기는 쉽지 않다. 하지만 염증을 저해하고 대사질환을 억제하는 효능이 있는 것으로 알려진 식품들을 섭취한다면 미세먼지가 생체 내로 침입하더라도 호흡기질환을 예방하는 데 어느 정도 도움이 될 수 있을 것이다.

14

모발 건강과
K-푸드

    모발은 성장기, 퇴화기, 휴지기의 주기로 발모와 탈모를 반복하며 유지된다. 모발의 성장기는 남성 3~5년, 여성 4~6년 정도이며, 그 후 퇴화기가 40~45일 정도, 휴지기가 3~4개월 정도 진행된다고 한다. 휴지기의 마지막이 되면 오래된 모발은 빠지고, 새로운 모발이 생성되는데, 정상적인 사람은 성장기에 모발이 많은데 비해 탈모증이 있는 사람은 휴지기 상태의 모발이 많아 탈모 현상이 나타난다.

    탈모는 유전, 호르몬의 분비 이상, 스트레스, 물리화학적 자극, 약물복용, 모근의 영양결핍 등 다양한 원인에 의해 일어난다. 대머리는 영양보다는 유전과 더 밀접한 관련이 있다고 한다. 흑인들은 백인들보다 머리숱이 4배나 많다. 대부분의 사람은 20대 후반부터 머리가 빠지기 시작하여 나이가 들면 2/3 이상의 사람이 머리숱이 적어진다.

건강한 사람의 머리카락은 수가 많고 윤택이 나며 탄력성이 있다. 그와 반대로 영양실조에 걸린 사람의 머리카락은 윤기가 없고 수가 적다. 신체의 건강 여부는 머리카락의 건강 여부로 판단하기도 한다. 병에 걸려 오랫동안 열이 난 경우에는 머리카락이 잘 빠진다. 머리카락은 손톱이나 피부처럼 신체와 같은 물질로 구성되어 있으며, 섭취하는 영양분에 따라 영향을 받는다. 탈모를 방지하고 발모를 촉진하기 위해서는 혈관을 확장해 모근에 영양을 공급하거나 모발의 구성성분과 유사한 성분을 직접 머리에 바르거나 식품으로 영양분을 섭취해야 한다.

〰 단백질

머리카락의 가장 중요한 성분은 단백질이다. 단백질은 머리카락이나 손톱을 만드는 데 필요하고, 피부를 아름답게도 해준다. 단백질이 부족하게 되면 탈모 증상과 빈혈, 건조피부 등이 나타나고, 신체의 구성분이 하나둘씩 빠져나가기 때문에 신체가 전반적으로 제기능을 제대로 발휘하지 못한다.

단백질이 심하게 결핍되면 머리카락이 가늘어지고, 부서지고, 윤기가 없고, 탈색이 일어난다. 손톱도 두꺼워지고 깨지기 쉽다. 하지만 단백질은 필요 이상으로 섭취하면 에너지로 이용된 후 남은 것은 지방으로 저장되며, 머리카락에는 저장되지 않는다. 따라서 모발 건강을 유지하기 위해서는 단백질을 지속적으로 섭취해야 한다. 양질의 동물성 단백질은 육류, 어패류, 우유, 달걀 등에 많이 들어 있다.

　　유청단백질은 치즈를 만드는 과정에서 생기는 부산물의 액체로부터 분리한 단백질이다. 유청단백질은 그 분자량이 적기 때문에 우리 몸이 쉽게 소화하고 흡수할 수 있어 모발성장과 두피를 건강하게 유지하는데 도움이 된다. 또한 두피에 바를 때 침투속도가 매우 빠르고 모발 깊숙한 곳까지 침투가 용이하여 모발 손실을 방지하고 건강한 모발을 유지하는 데 도움이 된다.

〰 맥주효모

　　맥주효모는 맥주를 발효시키는 역할을 하는 미생물이다. 맥주를 만드는 과정에서 위에는 맥주가 뜨고 아래에는 맥주효모가 가라앉게 되는데, 이것을 건져 건조하여 만든 것을 건조 맥주효모라 한다. 맥주효모는 모발과 두피에 공급되는 영양소인 필수 아미노산과 단백질을 다량 함유하고 있다. 또한 비타민 B, 미네랄, 강력한 항산화제인 셀레늄, 베타글루칸, 식물성 단백질을 함유하고 있으며, 모발성장 인자를 자극하여 탈모 예방에 유효하다.

⌇ 비오틴

비오틴은 모발 비타민으로 알려져 있다. 비타민 B 중에서도 비오틴은 비타민 B7의 다른 이름으로, 모발과 피부, 손발톱 건강에 영향을 미치는 수용성 비타민이다. 비오틴은 케라틴 단백질 합성에 필수적이고, 단백질 합성을 촉진하여 모발 건강과 손발톱 강화, 피부 건강에 도움을 줄 수 있다.

⌇ 철분

머리카락에는 비타민과 무기질이 필요하므로 균형 있는 식사로 무기질과 비타민을 공급해야 한다. 설탕, 백미, 흰밀가루 등 정제된 식품이나 동물성 기름, 소금이 많은 식품은 비타민이나 무기질이 부족하다.

철분 부족은 탈모를 촉진한다고 한다. 미국 클리블랜드 클리닉 피부과 임상연구실장 윌머 버그펠드 박사는 미국 피부과학회지(JAAD) 최신호에 발표한 연구보고서에서 지난 40년간 발표된 탈모에 관한 연구 논문을 종합 분석한 결과, 철분 결핍이 대머리 등 여러 가지 형태의 탈모를 촉진한다는 결론에 이르렀다고 보고했다. 철분은 소 간, 쇠고기, 콩, 멸치, 참치, 달걀 등에 많이 들어 있다.

～ 해조류

다시마, 미역, 감태 등의 해조류 추출물은 모발의 건강을 위해 필요한 요오드, 아연, 유황, 철분, 칼슘 등 모발을 구성하는 성분들을 다량 함유하고 있다. 또한, 해조류 추출물은 모발 발육 촉진제인 옥소 성분을 함유하고 있어 모발을 튼튼하게 해주는 효과가 있다.

～ 블랙푸드

검은콩, 검은깨, 검은쌀과 같은 블랙푸드는 불포화지방산과 폴리페놀과 같은 항산화 물질이 많이 들어 있어 혈액순환을 원활하게 해주며, 모발 성장에 필수성분인 시스테인이 함유되어 탈모를 방지하는 데 효과가 있는 것으로 알려져 있다.

～ 양파껍질

양파껍질에 들어 있는 퀘르세틴을 섭취하면 탈모의 진행을 막고, 추출물을 머리에 바르면 모발의 성장을 유도할 수 있다. 퀘르세틴은 파슬리, 포도, 사과, 체리, 콩, 토마토, 녹차 등에도 많이 들어 있다.

～ 인삼과 홍삼

인삼이나 홍삼에 들어 있는 Rg3나 Rh2와 같은 진세노사이드는 모발 개선 효과가 있는 것으로 알려져 있다. 진세노사이드는 다시마에도 들어 있으며 머리카락을 구성하는 단백질, 비타민, 요오드, 아연, 유황, 칼슘, 철분 등이 함유되어 탈모 예방에 효과적인 것으로 알려져 있다. 특히 요오드는 갑상선 호르몬의 분비를 촉진시켜 모발 개선에 도움이 된다.

～ 아로니아

아로니아는 모발 성장에 필수 영양소인 시스테인 아미노산 및 비타민 B군을 다량 함유하고 있다. 또한, 활성산소의 활성을 억제하여 탈모 개선 및 예방에 도움을 준다.

～ 오메가-3 지방산

고등어, 꽁치, 정어리, 참치, 연어와 같은 등푸른생선에 들어 있는 오메가-3 지방산은 혈액순환을 개선하고, 두피에 필요한 단백질을 공급하여 탈모 예방에 도움이 된다. '바다의 우유'로 불리는 굴에는 아연이 풍부하다. 아연은 탈모 예방에 도움이 된다.

〰️ 어성초와 자소엽

탈모를 방지하기 위해서는 생약 성분의 추출물을 두피에 바르기도 한다. 어성초는 데카노일아세트알데하이드 등을 함유하여 항균, 항바이러스, 이뇨 작용 등의 효과가 있는 것으로 알려져 있다. 차조기라고도 불리는 자소엽은 페릴알데하이드 등의 정유 성분을 함유하여 오한, 한기 등의 치료에 쓰인다. 찻잎은 카테킨 성분을 함유하여 혈관 확장 작용 등이 알려져 있다. 따라서 어성초, 자소엽, 찻잎 등이 발모초, 발모팩의 재료로 사용되기도 한다.

갑자기 머리카락이 손상되거나 탈모가 진행될 때는 영양분을 골고루 섭취하는 데 신경 써야 한다. 아름다운 머릿결을 유지하기 위해 필요한 단백질과 미네랄을 충분히 공급하기 위해서는 현미와 잡곡, 검은콩 등을 자주 섭취하고, 항산화 물질이 풍부한 녹색채소와 과일을 충분히 섭취하도록 한다. 항산화 물질은 모세혈관의 혈액순환을 좋게 하여 머리카락이 손상되지 않도록 해준다. 탈모가 이미 진행된 후에 신경을 쓰기보다는 진행되기 전에 예방 차원에서 음식을 골고루 섭취해야 탈모를 올바로 예방할 수 있다.

15
면역력 증진을 위한
K-푸드

우리 몸에 바이러스와 같은 병원체가 들어오더라도 면역력이 강하면 손쉽게 이를 물리칠 수 있다. 반대로 면역력이 약하면 이를 물리치지 못하여 염증이 생기고 더 큰 질병으로 진행된다. 따라서 평소에 면역력을 키울 수 있는 식품을 꾸준히 먹어 체력을 보강할 필요가 있다. 어떤 영양소가 면역력을 키우는 데 도움이 될까?

～ 단백질

단백질은 우리 몸에 필요한 효소, 근육, 호르몬, 항체, 혈액을 구성하는 물질로써 우리 몸을 유지하고 성장시키는 데 중요한 역할을 한다. 단백질은 뼈의 형성을 돕고, 혈액의 헤모글로빈 형성에 필요하고, 소화를 돕고, 질병에 걸리지 않도록 면역 작용을 한다.

단백질이 부족하면 호르몬의 기능이나 병에 대한 면역기능이 떨어지고, 피로해지고, 스트레스에도 제대로 적응하지 못해 건강을 손상시킬 수 있다. 만성피로, 알레르기, 비염, 감기 등을 예방하여 건강하려면 평소에 단백질을 많이 섭취하여 면역력을 키워야 한다.

단백질은 우리 몸에 저장되지 않기 때문에 매일 섭취해야 한다. 고기의 어원은 '고기(高氣)'이다. 단백질이 풍부한 고기를 먹으면 몸의 기운이 돈다는 의미이다. 최근 우리나라 질병관리본부가 영양상태를 조사한 바에 의하면, 65세 이상 노인들의 30% 이상이 단백질 섭취량이 부족한 것으로 나타났다. 이는 나이가 들어감에 따라 식사량이 줄어들고 소화율이 떨어지기 때문이다.

노인들은 균형 잡힌 식사를 하되 저지방 우유나 요구르트, 생선이나 닭가슴살, 살코기 등 지방의 함량이 적고 단백질 함량이 많은 식품의 섭취를 늘려야 한다. 그래야 젊은 사람들처럼 근육세포를 원활하게 만들어 왕성한 활동력을 유지하고, 면역력의 감퇴 현상을 막을 수 있다.

〜 장어

장어는 단백질 함량이 높으면서 불포화지방산이 많아 고혈압 등 성인병 예방이나 허약체질, 원기 회복 등에 최고의 식품으로 인정받고 있으며, 강장 작용, 동맥경화 예방, 폐결핵, 신경통, 폐렴 및 허약체질의 개선 등에 이용되어 왔다.

〰 아연

면역기능을 강화하는 데 가장 중요한 영양소 중 하나는 아연이다. 아연은 여러 효소의 구성성분으로 인체의 주요한 대사 과정을 조절하고, 세포막 구조와 기능을 정상적으로 유지시키며, 면역력 유지와 핵산 합성에 관여한다. 또한, 손상된 피부를 복구시켜 피부가 곱게 해준다. 따라서 면역력이 약할 때는 아연이 풍부한 굴을 많이 섭취하는 것이 좋다.

〰 비타민 C

감기를 예방하기 위해서는 비타민 C가 풍부한 식품을 섭취하고, 추운 날씨 때문에 칼로리 소비가 많을 때는 영양이 풍부하고 따뜻한 음식을 섭취해야 한다. 감기에 걸렸을 때 따뜻한 콩나물국을 마시면 비타민 C와 단백질 섭취로 기운을 보충할 수 있다.

∿ 버섯

버섯은 환절기 면역력 증강에 좋다. 버섯에는 베타글루칸이라는 수용성 식이섬유가 들어 있는데, 이 물질은 면역력을 증강해 주고 혈중 콜레스테롤을 낮춰주는 역할을 한다.

∿ 울금

2016년 울금이 슈퍼푸드로 주목받기 시작하면서 상당수의 식품에 울금을 첨가하는 것이 트렌드로 자리 잡기 시작했으며, '식품계의 떠오르는 샛별'로 불리고 있다. 2020년 코로나19 바이러스로 인하여 면역력 향상에 관심이 높아 있는 상황에서 울금은 꿀, 생강, 오렌지, 버섯, 발효식품과 함께 면역력 강화식품에 선정되기도 했다.

∿ 안토시아닌

가지, 검은쌀, 검은콩, 검은깨, 자두, 블루베리, 적포도 등에 많이 들어 있는 안토시아닌은 붉은색, 분홍색, 보라색, 청색을 나타내는 색소이다. 안토시아닌은 면역력을 향상시키고, 간의 손상을 방지하고, 혈압을 낮춰주며, 항암·항균 작용이 있다. 각종 질병을 예방할 뿐만 아니라 노화를 지연시키는 역할을 한다. 또한 혈중 콜레스테롤 함량을 낮춰주어 혈액순환을 좋게 한다.

〜 유자

유자는 우리나라 남해안 지방에서 나는 감귤류의 일종으로 뛰어난 향과 특유의 산미를 가지고 있으며 주로 과육 및 과피를 사용해 유자청으로 제조되어 유자차로 이용되어 왔다. 유자에는 비타민 C와 무기질 및 구연산, 다량의 플라보노이드 화합물에 의한 항산화 효능이 있으며, 풍부한 비타민 C와 무기질 및 구연산을 함유해 면역력 증진 효과와 심혈관계 질환의 발생률을 감소시키는 효과가 있다.

〜 발효식품

발효식품은 면역력을 강화하는 데 큰 역할을 한다. 최근 들어 발효 과정에서 생성되는 유익한 프로바이오틱스(Probiotics, 유산균) 미생물이 감염병 예방, 면역력 강화, 장내 영양분 흡수 등에 결정적인 역할을 한다는 연구 결과가 발표되고 있다. 특히, 발효식품 내 프로바이오틱스 미생물은 면역 세포의 활성화를 촉진하여 면역 체계의 기능을 향상하는 데 도움을 주는 것으로 보고되고 있다. 발효식품은 프로바이오틱스의 먹이가 되는 프리바이오틱스(Prebiotics)의 일종인 베타글루칸, 이눌린, 폴리페놀 등을 다량 함유하고 있어 면역력을 증가시키는 데 효과적이다.

〰 인삼과 홍삼

우리나라 사람들이 가장 선호하는 건강기능식품인 인삼과 홍삼도 K-푸드에서 빼놓을 수 없다. 우리나라의 인삼은 이미 고려시대부터 외국에 수출됐을 정도로 그 가치를 오래전부터 인정받고 있다. 특히 홍삼은 전체 건강기능식품의 36%를 차지하고 있다. 외국에서 수입되는 원료로 만든 건강기능식품은 잠시 인기를 끌다가 사라지는 반면, 홍삼은 오랜 기간 부동의 1위를 지키고 있다.

신비의 명약으로 잘 알려진 인삼은 생것을 수삼, 건조한 것을 백삼, 찌고 말린 것을 홍삼이라고 부른다. 산속에서 야생으로 자란 삼을 산삼, 산삼의 씨를 산에 뿌려 야생 상태로 재배한 것을 장뇌삼(산양삼)이라고 부른다. 인삼은 깊은 산속에서 세 줄기에 다섯 잎을 가지고 있으며 뿌리를 캐보면 사람의 모양을 하고 있어 '신초(神草)'라고 불린다.

인삼의 핵심 성분은 사포닌인데, 사포닌은 비누를 뜻하는 희랍어 '사포나'에서 유래된 것으로 수용액 속에서 비누처럼 거품을 내서 붙여진 이름이다. 사포닌은 항산화 활성과 면역력 증진, 혈행 개선 등에 뛰어난 효과를 보인다. 인삼이 오랫동안 최고의 건강식품으로 인정받아 왔던 이유도 이러한 효능 때문이다. 사포닌은 더덕, 팥 등 인삼 외에 몇몇 식물들도 보유하고 있다. 특히 더덕은 모양이 인삼과 비슷하고 사포닌 성분이 많아 '사삼'이라고 불린다. 인삼에 들어 있는 사포닌은 다른 식물들의 사포닌 성분과는 다른 특이한 화학

제4장 각종 질병을 예방하는 K-푸드

구조와 약리작용을 가지고 있어, 이를 구분하기 위해 진세노사이드라고 부른다.

인삼에는 Rg1, Rb1, Rg2, Rc, Re, Rd, Rf 등 다양한 진세노사이드가 존재한다. 진세노사이드는 혈관 확장 물질의 분비를 촉진해 혈액순환을 원활하게 하고, 혈관 내벽을 이루는 세포에 대한 보호 작용이 있다. 혈관 염증 발생을 억제하고, 동맥경화를 방해하는 기능을 통해 심혈관질환을 예방하며, 심장을 튼튼하게 해준다. 허약한 체질, 질병으로 인한 체력의 소모, 피로 회복 및 원기회복, 체력 증진 등에 좋은 것으로 알려져 있다.

홍삼은 껍질을 벗기지 않은 수삼을 수증기로 찌고 말리는 증포 과정을 통해 인삼의 독소 성분이 제거되고, 몸에 좋은 유효성분과 사포닌이 증가하는 대표적인 건강식품이다. 인삼을 찌고 말리는 과정에서 갈색 반응이 일어나 황갈색을 띠고, 진세노사이드 중 Rg3와 같은 인체에 유익한 성분이 생성된다.

식약처로부터 인정받은 홍삼의 기능성에 대한 내용은 '면역력 증진, 피로 개선, 혈소판 응집억제를 통한 혈액 흐름, 기억력 개선, 항산화에 도움을 줄 수 있음, 갱년기 여성의 건강에 도움을 줄 수 있음.' 등이 있다. 이 밖에도 초기 암 억제에 반응한다거나, 술을 마신 후 섭취하면 알코올 분해를 일으켜 간을 보호하는 효과가 있으며, 체내 독소를 제거하여 피부에도 좋은 것으로 알려져 있다.

〰〰 산양삼

　장뇌삼으로도 불리는 산양삼은 산삼 씨앗을 깊은 산속에 뿌려 자연 상태에서 오랫동안 키운 삼으로 밭에서 키우는 인삼과 구별된다. 산양삼은 사포닌, 폴리페놀화합물, 산성 다당체 등이 들어 있으며, 항암 작용, 콜레스테롤 저하 작용, 심장 기능 강화 및 혈행 개선, 면역기능 증강, 허약체질 개선, 항당뇨, 간 기능 활성화 등의 효과가 있다.

　우리 속담에 '뿌리가 깊은 나무는 가뭄을 안 탄다'는 말이 있다. 평소에 우리 몸의 체질을 근본적으로 개선하고, 영양분을 골고루 섭취하여 면역력을 증강해야 한다.

제4장 각종 질병을 예방하는 K-푸드

　　자동차, 가전제품, 컴퓨터, 통신기기 등 우리가 매일 사용하는 소비재는 빠른 속도로 발달해가고 있으며, 가공식품의 수도 갈수록 늘어가고 있지만, 정작 우리가 매일 먹는 음식은 몇십 년 전이나 지금이나 큰 차이가 없다. 심지어 외국에 이민을 가서 몇십 년 동안 살아온 사람들도 한국 음식 먹기를 고집한다.

　　어떤 교민은 밖에서 햄버거를 먹더라도 빨리 집에 가서 김치 몇 조각이라도 먹어야 속이 시원하다고 말한다. 그 당시는 김치와 같은 한국 음식은 코를 찌르는 듯한 냄새가 난다며 현지인으로부터 불평 받고 눈총이 따갑던 시절이었다.

　　하지만 최근 들어 K-문화가 확산함에 따라 한국의 전통음식이나 발효음식에 대한 관심도가 높아지고 있다. K-문화에서 보듯이 우리나라 사람들이 서양인들에 비하여 몸이 날씬한 이유는 우리가 즐겨 먹는 쌀밥, 과일과 채소, 야생식물로 요리한 반찬, 해조류와 해산물 등 덕분이며, 이러한 식품들은 암이나 당뇨, 심혈관질환 등 각종 생활습관에 따른 병을 예방하는 데 가장 좋은 식품이라는 사실이 과학적으로 입증됨에 따라 K-푸드에 대한 관심이 더욱 커지고 있다.

우리는 인터넷과 방송을 통해서 많은 정보를 접할 수 있다. 그러나 식품은 의약품이 아니며, 특정 질환에 대한 효능이 있다고 해도 먹는 사람에 따라 다르기 때문에 특정 식품에만 의존하는 것은 바람직하지 않다. 어느 특정한 식품이 몸에 좋다고 해서 너무 맹신하고 한 가지 식품에만 집착한다면 오히려 건강을 해칠 수도 있다.

이 책에서는 식품학자로서 가능한 거의 모든 식품의 효능을 과학적으로 검증하기 위하여 과학 연구 논문을 일일이 찾아가면서 기술하려고 노력했다. 이 책을 읽는 독자들은 우리가 매일 먹는 밥이나 과일, 채소 등 우리 고유의 K-푸드가 우리의 건강을 지켜준다는 사실을 깨닫고, 가능하면 몸에 좋은 K-푸드를 선택하여 질병을 예방하고 건강한 삶을 유지하길 바란다.

이원종

세계가 주목하는
K-푸드의 비밀

초판 1쇄 발행 2024년 11월 20일

지은이 이원종, 김성훈
펴낸이 임용훈

편집 전민호
용지 (주)정림지류
인쇄 올인피앤비

펴낸곳 예문당
출판등록 1978년 1월 3일 제305-1978-000001호
주소 서울시 영등포구 문래동 6가 19 문래SK V1 CENTER 603호
전화 02-2243-4333~4 | **팩스** 02-2243-4335
이메일 master@yemundang.com | **블로그** www.yemundang.com
페이스북 www.facebook.com/yemundang | **트위터** @yemundang

ISBN 978-89-7001-648-1   03590

· 본 출판물은 (재)오뚜기함태호재단의 출판지원을 받아 발간되었습니다.